생활 속 자수 레시피

생활 속 자수 레시피

이경미 지음

팜파스

Prologue

손으로 하는 일은 무엇이든 중독성이 있는 것 같습니다.

퀼트도 그렇고, 뜨개질도 그렇고, 자수도 그렇고……

한번 붙잡으면 쉽게 손을 놓을 수가 없지요.

어느 날은 그렇게 하나만 붙잡고 몇날 며칠 밤을 꼬박 새우기도 하고,

어느 날은 하던 것마저 저만치 미뤄놓고 갑자기 새로운 걸 시작하기도 합니다.

문어발이라고 하지요? 이것저것 하고 싶은 욕심만 많아서 일을 여기저기 잘도 벌립니다.

수를 놓게 된 것도 그랬지요. 누군가에서 얻어두었던

십자수실 한 통이 저희집 다락방에 있었던 거예요.

학교 다닐 때 가사 시간에 잠깐 배웠던 자수가 생각났습니다.

천 한 조각을 찾아 레이지데이지로 꽃 한 송이를 수놓아봤는데, 이게 제 눈에는 너무 예쁜 겁니다.

그때부터였던 거 같습니다. 수놓기에 흠뻑 빠지게 된 것이요.

저는 다른 사람 눈에 수를 잘 놓고, 못 놓고는 중요하지 않다고 생각합니다.

어느 것이든 손으로 하는 일에는 자기만의 손맛이 있다고 생각하거든요.

전 이 책을 보시는 분들이 자수라는 걸 너무 어렵지 않게,

척 보고 이 정도는 나도 할 수 있겠다 싶은 생각이 들 정도로 만만한 책이었으면 합니다.

실력도 뒷받침 안 되면서 이렇게 책까지 내게 된 사람의 자기 변명이라고 할까요. 예쁘게 봐주세요.

Contents

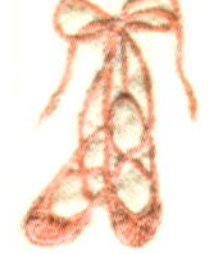

자수의 시작

무엇이든 처음 시작하려 할 때의 기분은 설렘 반, 막막함 반이 아닐까 싶습니다. 그러다 용기 내어 막상 첫 발을 내디뎠는데, 설렘은 어디론가 사라져버리고 막막함만이 남아 당황한 경험들 한번쯤은 있을 것입니다.

제가 자수를 시작할 때도 그랬습니다. 화려하고 예쁜 자수 책에 반해 가슴에 안고 돌아와 꽃 한 송이도 아닌 달랑 꽃잎 한 장을 수놓고 뿌듯해했죠. 그러던 것도 잠시 꽃술은 프렌치넛 스티치로, 줄기는 아웃라인 스티치로, 나뭇잎은 롱앤숏 스티치로 놓으라는 친절한 설명에도 불구하고 머릿속은 점점 하얗게 되어갔죠. 한때 유행했던 '~를 글로 배웠습니다'라는 말처럼 자수의 기법보다 용어를 먼저 외워야 할 것 같은 중압감을 느꼈다고 할까요?

그래서 전 처음 자수를 시작하시는 분들께는 스티치 용어들로부터 어느 정도 자유스러워지라고 말씀드리고 싶습니다. 자수는 실로 그리는 그림이지 글이 아니니까요. 글은 나중에 천천히 배워도 늦지 않잖아요?

재료와 도구

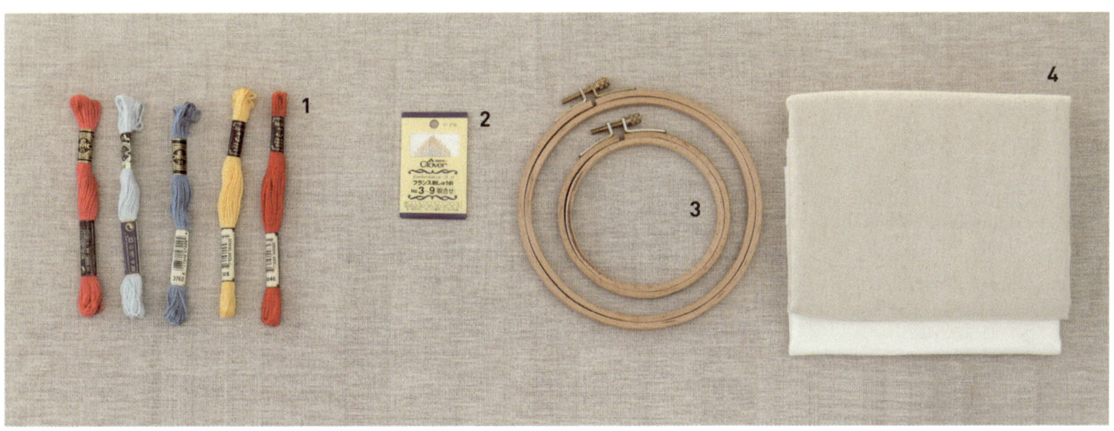

1 수실

●**25번 면사** 흔히 십자수실로 많이 알려져 있다. 6가닥의 가는 실로 이루어져 있어 필요한 수만큼 뽑아 사용한다. 생활자수에 가장 많이 쓰이는 실로 이 책의 모든 자수에는 이 25번사가 사용되었다. 우리나라에는 DMC(프랑스)사와 ANCKOR(독일)사의 실들이 많이 사용된다.

●**5번 면사** 25번사보다 굵고, 1가닥을 그대로 사용한다.

2 바늘

크기와 모양이 다양한 자수바늘이 있다. 일반 바늘보다 바늘귀가 커서 자수실을 꿰기에 좋다. 실의 굵기와 천의 종류에 따라 바늘을 선택하는데, 호수가 커질수록 바늘이 가늘어진다.

3 수틀

천을 고정시키는 도구로 플라스틱과 나무로 만든 것이 있는데, 개인적으로는 나무로 만든 것이 천이 미끄러지지 않고 좋다. 다양한 크기의 수틀이 있지만 생활자수는 대부분 작은 자수들을 놓기 때문에 지름 10.5cm나 12.5cm 정도의 수틀이 편하다.

4 원단

자수는 어디에나 자유롭게 놓을 수 있지만, 초보자가 수를 놓기에는 리넨, 무명, 광목 등의 원단이 적당하다. 원단은 두께에 따라 10수, 20수, 30수, 40수 등으로 나뉘는데, 20수나 30수 정도의 톡톡한 원단이 많이 사용된다. 원단은 사용하기 전 반드시 선세탁하는 게 좋다.

5 가위

원단용 가위와 자수용 가위를 구분하여
사용하는 것이 좋다.

6 수성펜

천에 도안을 그릴 때 사용한다. 물이 닿
으면 바로 지워진다.

7 초크페이퍼

도안을 베껴 그릴 때 사용한다. 원단 위
에 초크페이퍼를 놓고, 그 위에 도안을
대고 그린다. 먹지의 사용법과 같지만,
수성펜처럼 물이 닿으면 바로 지워진다.
도안이 너무 흐리게 그려지는 단점이 있
다.

8 열전사펜

트레싱지에 그린 도안을 원단에 옮겨 그
릴 때 사용한다. 열전사펜으로 그린 도
안을 원단 위에 대고 다리미로 눌러주면
그린 도안이 그대로 원단에 옮겨진다.
단 수성펜이나 초크페이퍼처럼 물로 지
워지지 않기 때문에 주의해야 한다.

9 패브릭펜

원단에 직접 그림을 그리거나 글씨를 쓸
수 있는 섬유전용펜이다. 그림을 그린
후 다림질을 해주면 세탁해도 지워지지
않는다.

자수의 순서

1 도안 그리기

수성펜으로 직접 그리는 법
수성펜으로 직접 도안을 그린다.
물을 뿌리면 쉽게 지울 수 있다.

초크페이퍼를 이용하는 법
먹지 사용법과 같다.
천, 초크페이퍼, 도안의 순서대로 올려
놓고 끝이 뾰족한 볼펜으로 눌러 그린
다.

전사지를 이용하는 법

1 도안에 트레이싱 페이퍼를 대고 옮
겨 그린다.

2 도안을 옮겨 그린 트레이싱페이퍼
를 뒤집는다.

3 뒤집은 뒷면에 전사펜으로 그림을
그려준다.

4 전사펜으로 그린 부분이 천에 맞닿
게 놓은 후 다리미로 눌러준다.

5 도안이 옮겨진다. 단 전사펜으로
옮긴 도안은 세탁해도 잘 지워지지
않으니 신중하게 그린다.

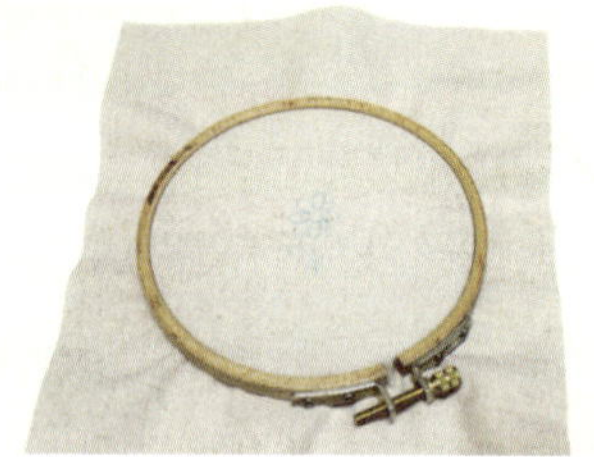

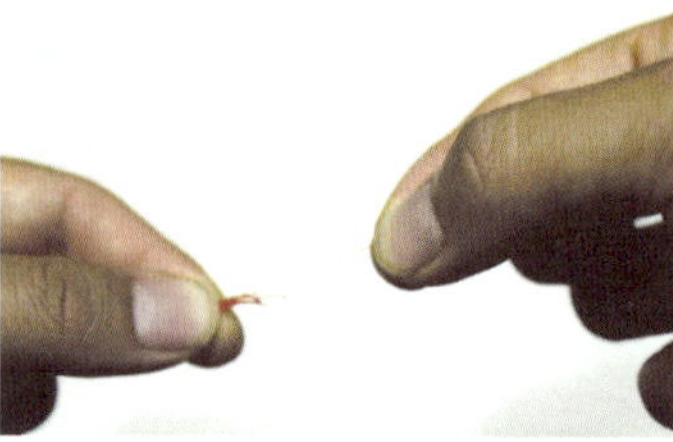

생활자수에 주로 사용하는 25번사는 6 가닥이 하나로 꼬여 있으므로, 필요한 가닥만큼 뽑아 사용한다. 먼저 50cm 정도의 길이로 자른 후 필요한 가닥만큼의 실을 뽑는데, 필요한 가닥 수만큼 한 번에 빼내면 안 되고, 한 번에 한 가닥씩만 뽑아야 엉키지 않는다.

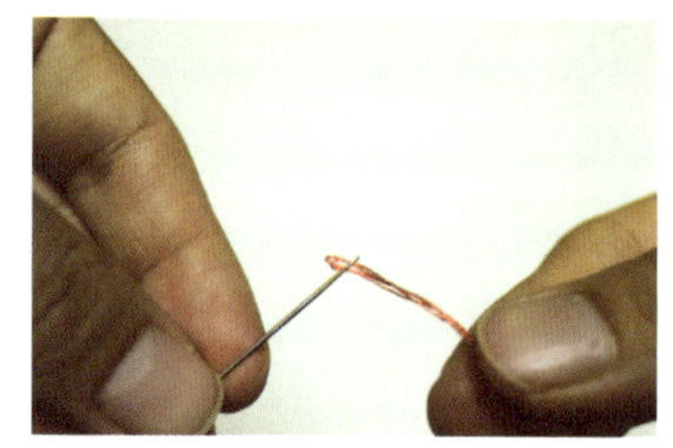

수를 놓을 때는 두 가닥이나 세 가닥 이상의 실을 바늘귀에 꿸 경우가 많은데, 그럴 때는 실의 끝부분보다는 중간을 꾹 접어 눌러 그 부분을 꿰는 것이 더 쉽다.

5 실 매듭짓기

자수는 될 수 있으면 매듭을 짓지 않지만, 경우에 따라서는 매듭을 짓기도 한다.

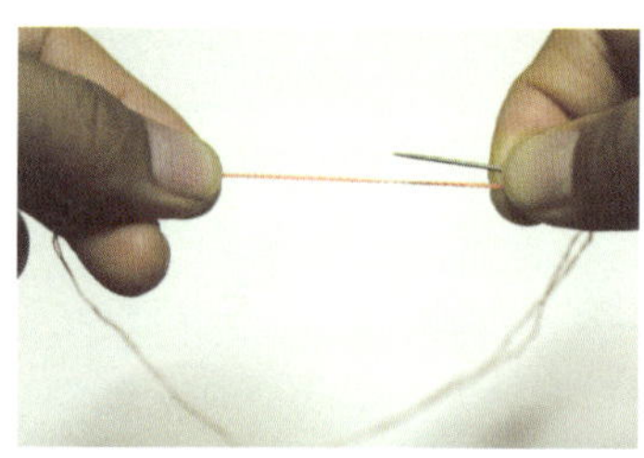

1 실끝과 바늘이 교차되게 눌러 잡는다.

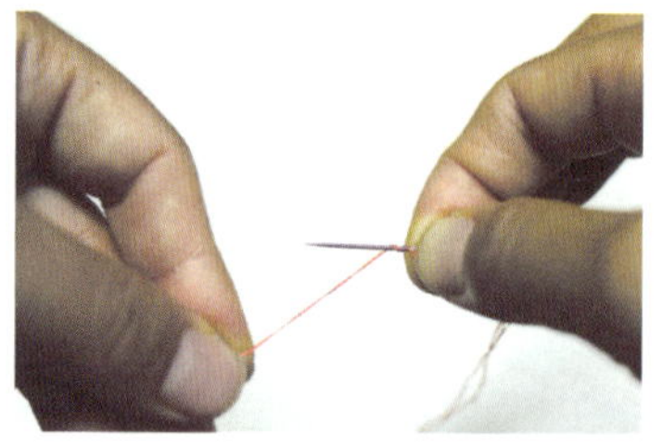

2 바늘에 실을 2번 정도 감아준다.

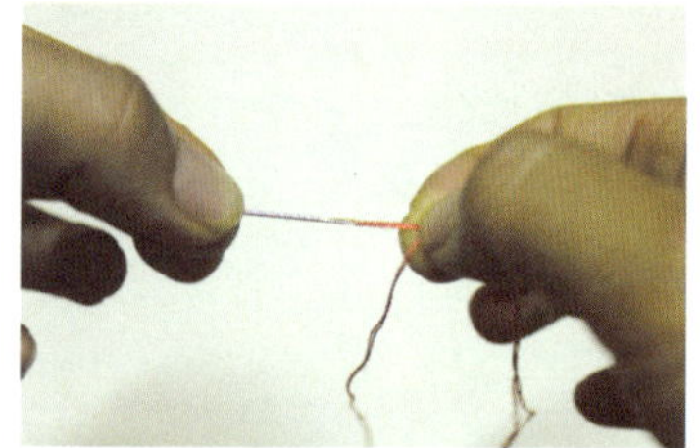

3 실을 감은 부분을 꼭 누르고, 그대로 바늘만 끝까지 뺀다.

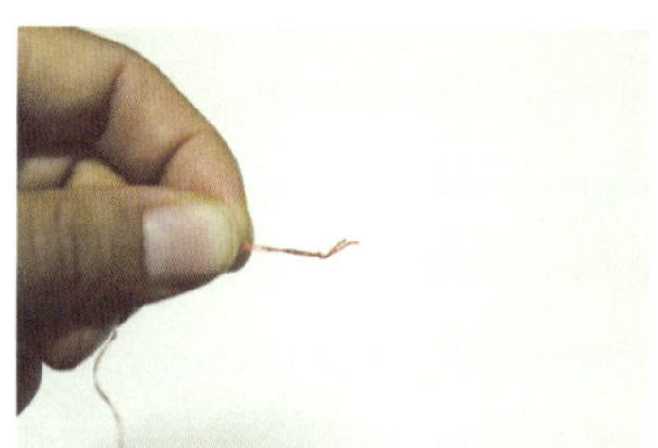

4 매듭이 지어진다.

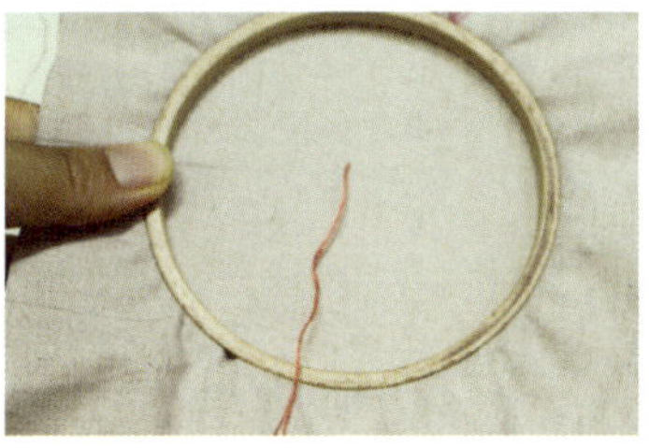

1 매듭을 짓지 않고 시작 부분의 실을 길게 남겨놓고 시작한다.

2 도안대로 수를 놓는다.

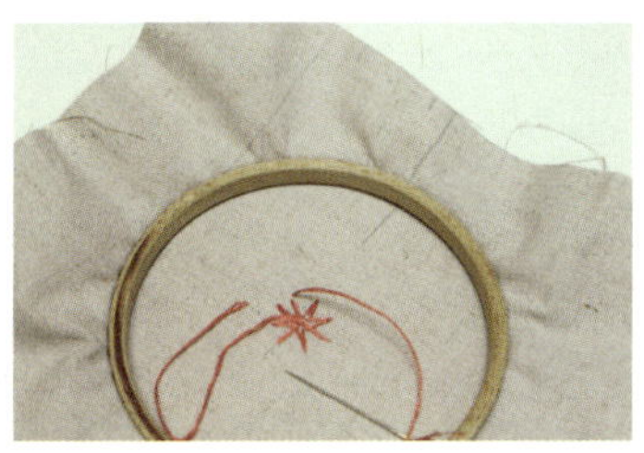

3 수를 다 놓은 후 뒷면으로 실을 뺀다.

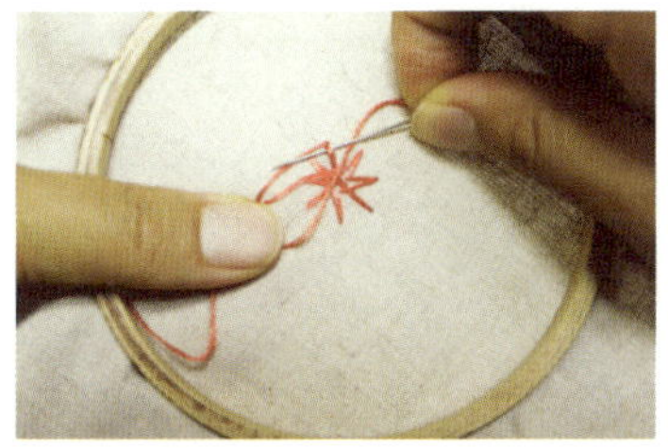

4 매듭 대신 다른 실에 걸어 실이 풀어지지 않게 한다.

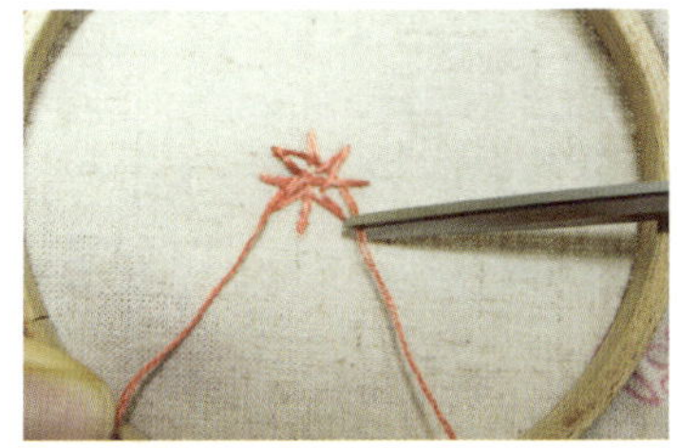

5 실을 바로 자르지 않고 다른 실들 사이로 통과시킨 후 자른다.

6 처음 시작할 때 남겨두었던 실을 바늘에 끼운다.

7 같은 방법으로 매듭 대신 다른 실에 걸어 정리한다.

8 다른 실들 사이를 통과시킨 후 자른다.

기본 손바느질법

생활자수의 매력은 자수와 소품이 함께 어우러지는 데 있기 때문에
기본 손바느질 몇 가지도 같이 익혀두면 많은 도움이 된다.

홈질

손바느질에서 가장 많이 쓰는 바느질법으로 천과 천을 이을 때 많이 사용한다.

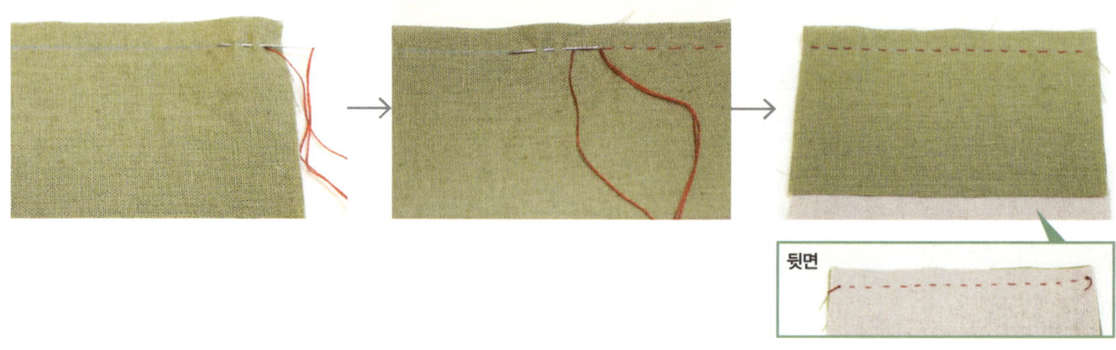

박음질

완성선을 바느질할 때 가장 많이 쓰는 바느질법으로 튼튼하게 바느질되어야 할 부분에 사용한다.

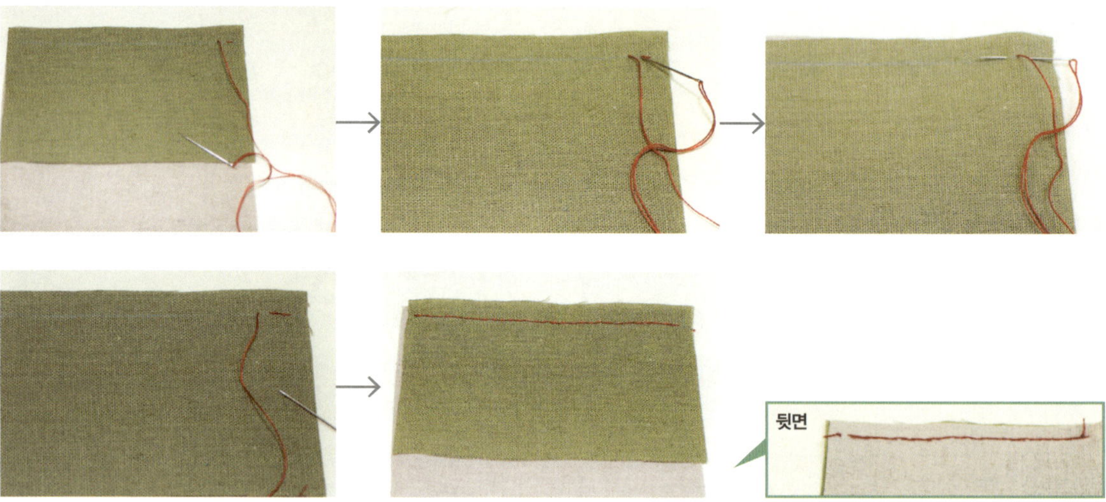

공그르기

바늘땀이 겉으로 드러나지 않게 하는 바느질법으로 창구멍을 막을 때 가장 많이 사용하는 바느질법이다.

이 책에서 자주 쓰이는 스티치

1 더블페더 스티치

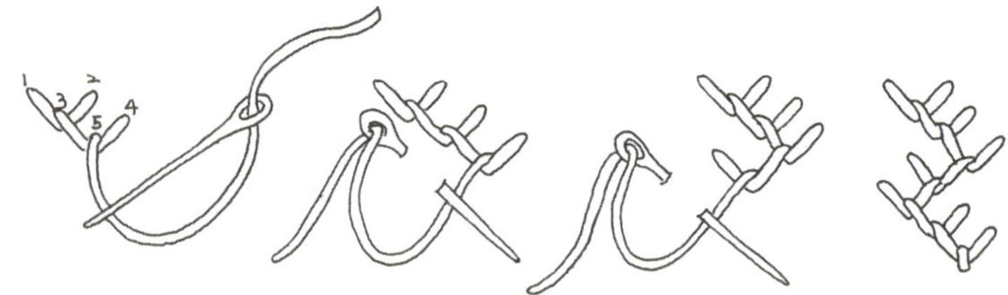

2 러닝 스티치

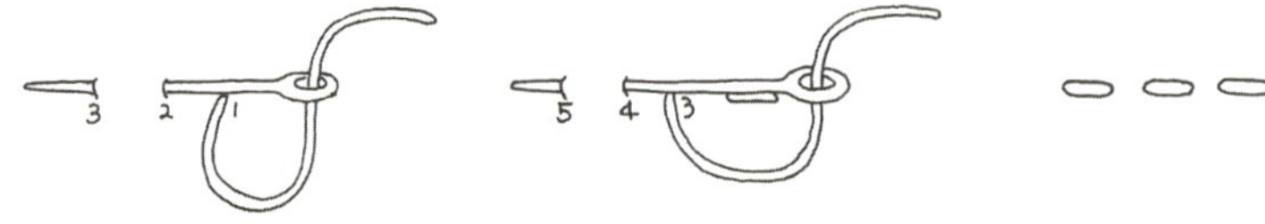

3 레이지데이지 스티치

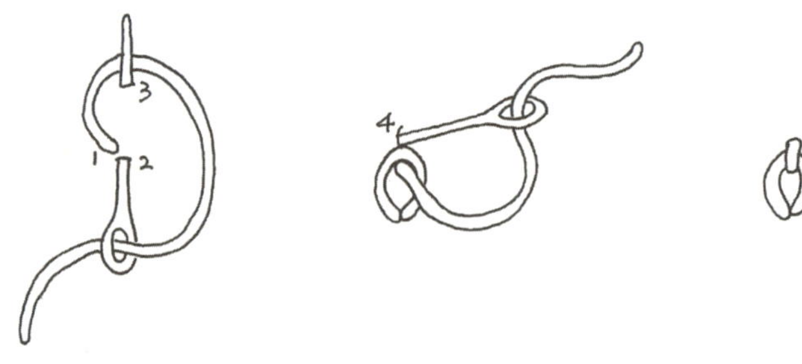

4 롱앤숏 스티치

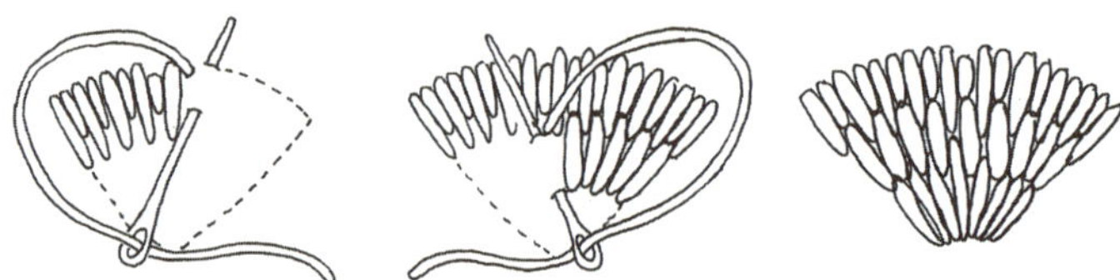

5 백 스티치

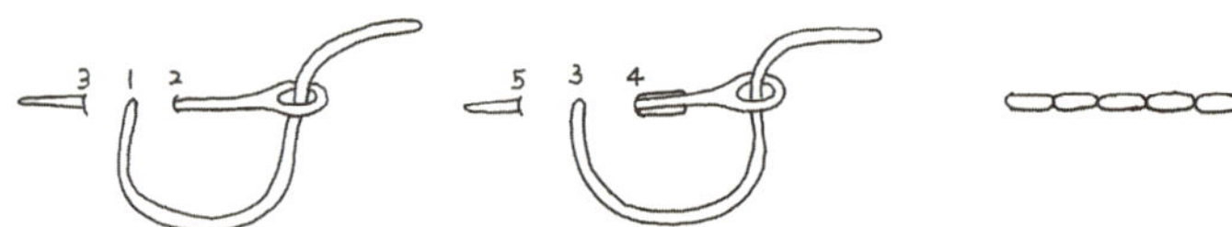

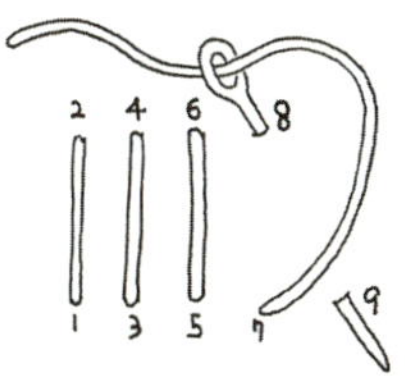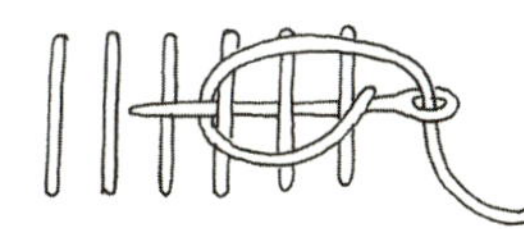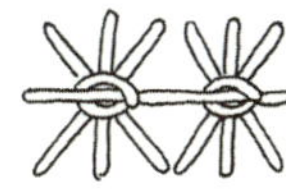

6 버터플라이체인 스티치

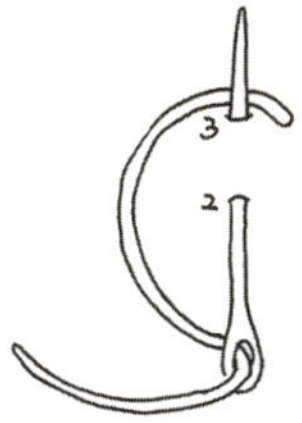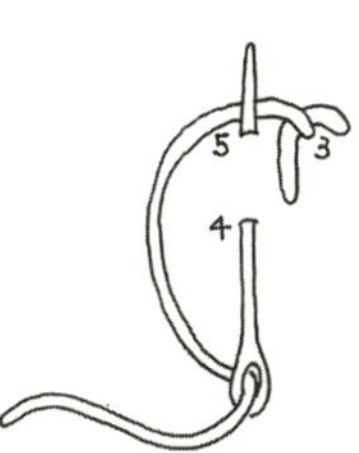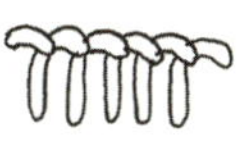

7 블랭킷 스티치

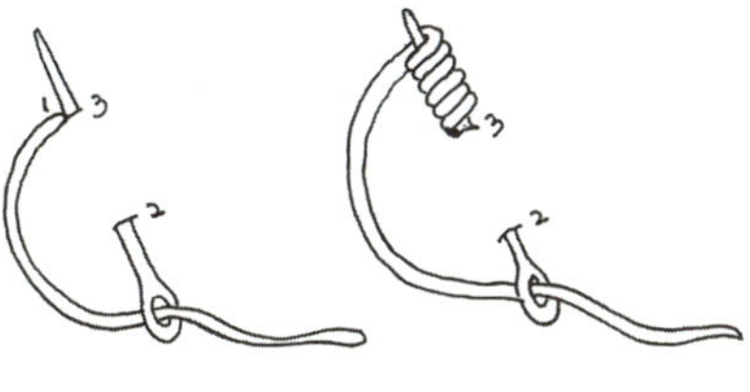

8 블리언로즈 스티치

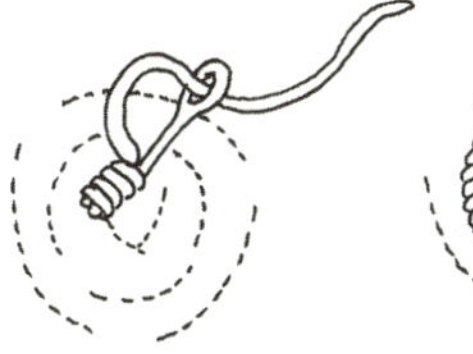

9 새틴 스티치

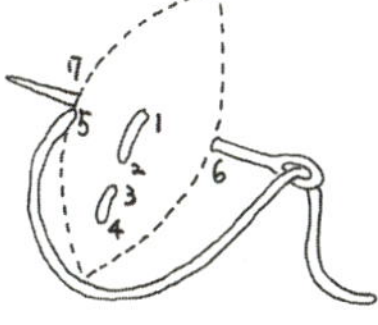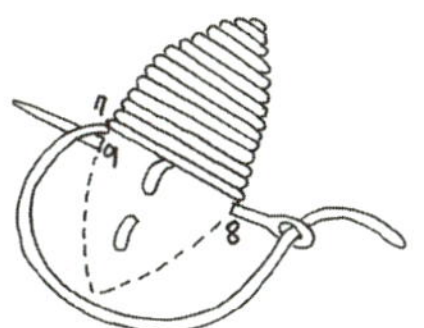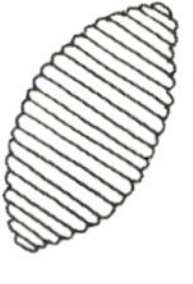

10 스트레이트 스티치

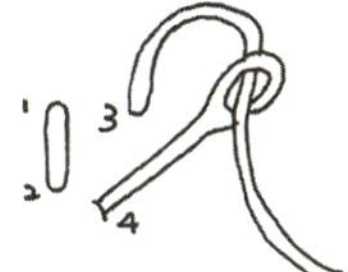

11 아웃라인 스티치

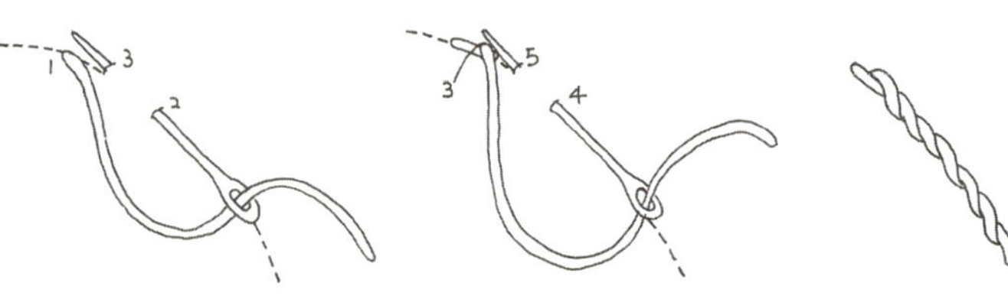

12 체인 스티치

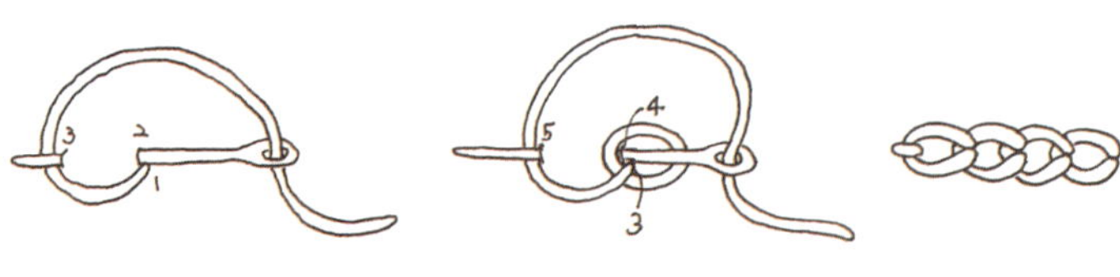

13 체인페더 스티치

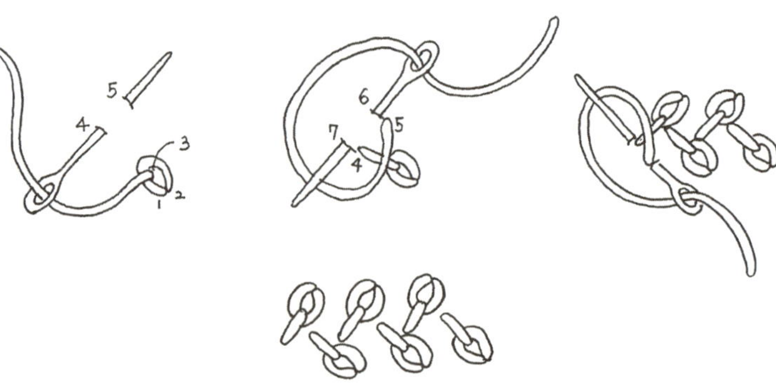

14 트위스티드 루프 스티치

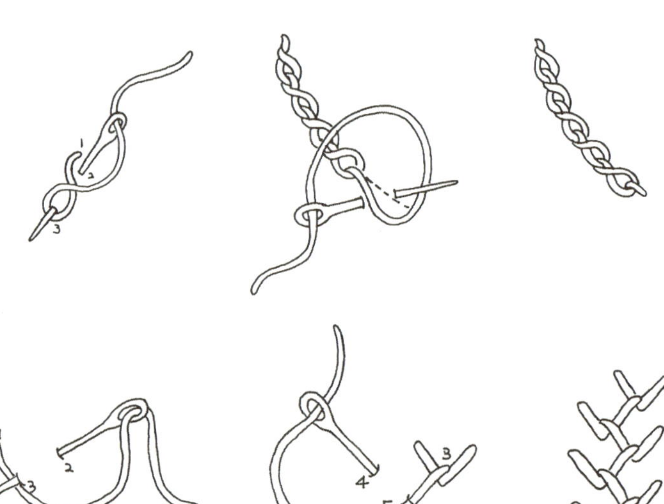

15 페더 스티치

16 프렌치넛 스티치

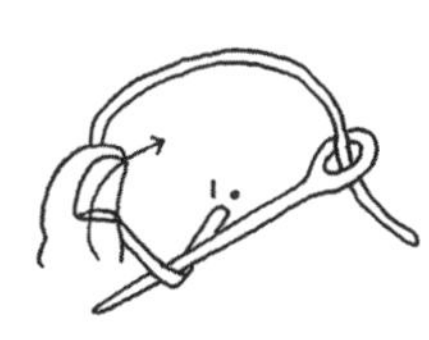 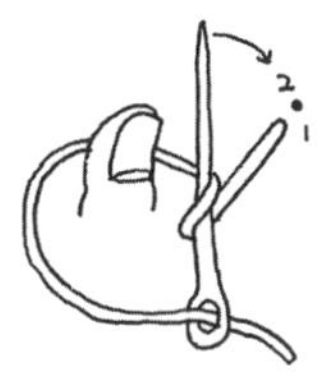 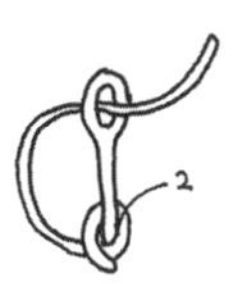

17 플라이 스티치

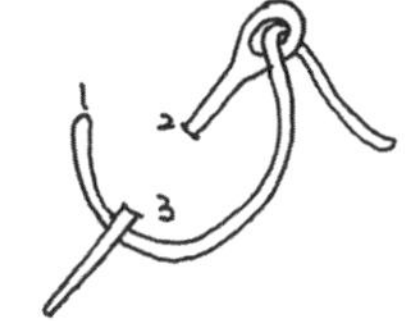 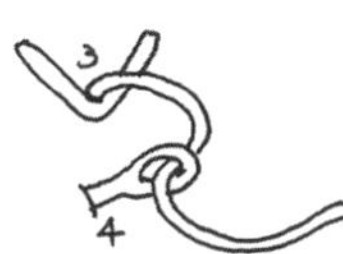 

18 헴 스티치

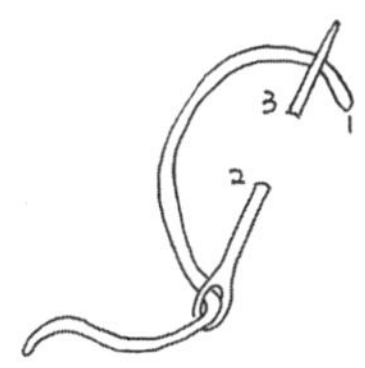 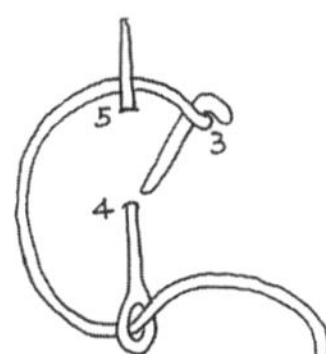 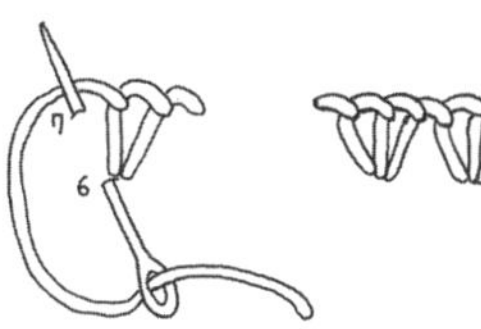

19 휘티어 스티치

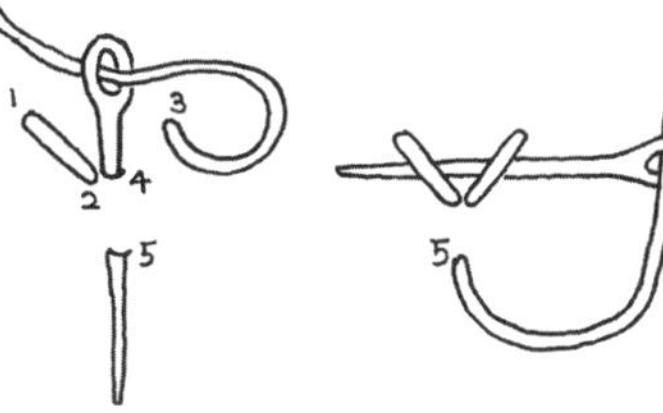 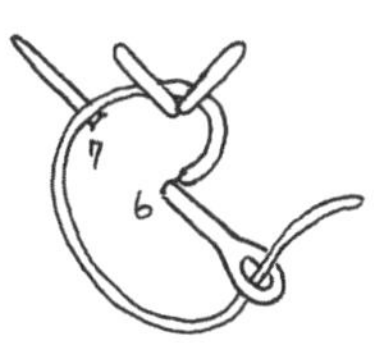 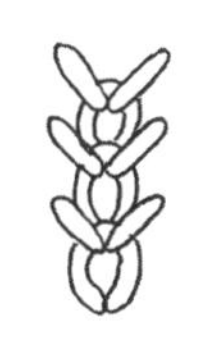

20 휘프체인 스티치

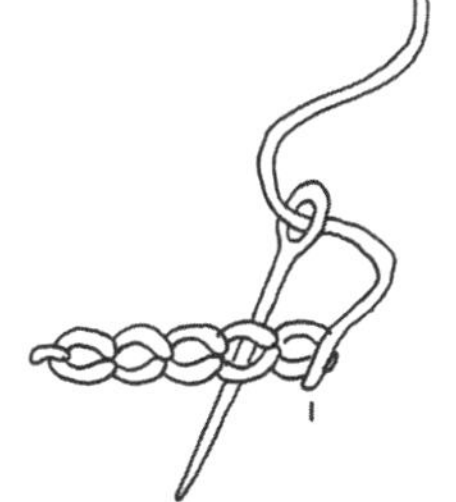 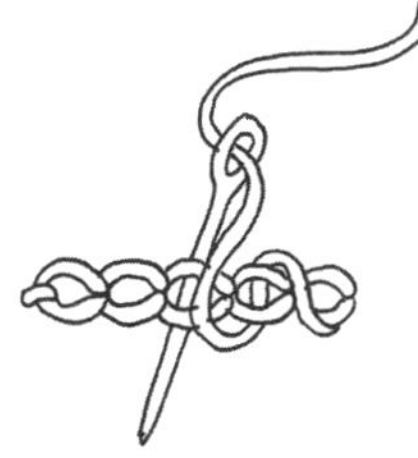 

Tea

Tea Time

일상의 쉼표, 티타임

어느 날은 다른 일 모두 제쳐두고 커피 한 잔부터 마셔야
무슨 일이든 시작할 수 있을 것만 같은 날이 있고,
어느 날은 밀린 집안일을 모두 해치우고
휴식처럼 나만의 티타임을 가져보고 싶은 날이 있습니다.
친구를 불러내듯
서툰 손바느질로 만들어놓은 티코스터들을 죄다 꺼내놓고
오늘은 무슨 차를 마실까 고민하는 것만큼 행복한 순간이 있을까요.
그러다가 이건 누구에게 깔아주고, 저건 누구에게 깔아주면 좋겠다,
내 맘대로 내 마음이 초대한 사람들과 함께 차를 마시는 시간.
내게는 쉼표 같은 시간입니다.

티코스터

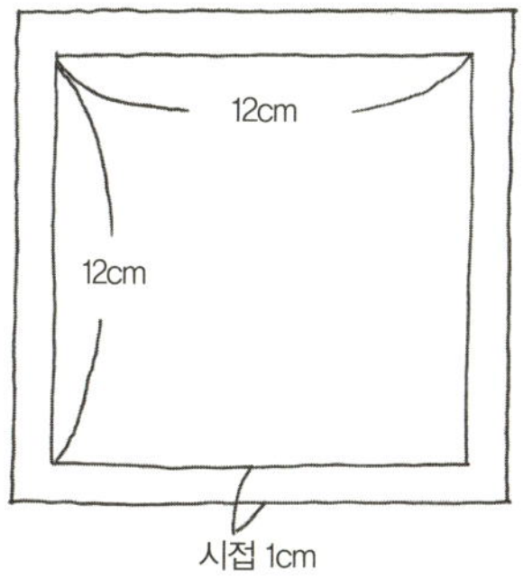

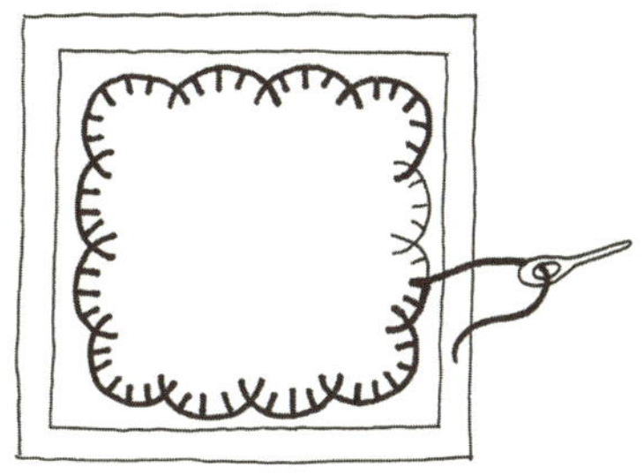

1 무지 리넨 천을 12×12cm로 재단한다(시접 각 1cm 별도).

2 리넨 천 위에 수성펜으로 원하는 도안을 그린 후 수를 놓는다.

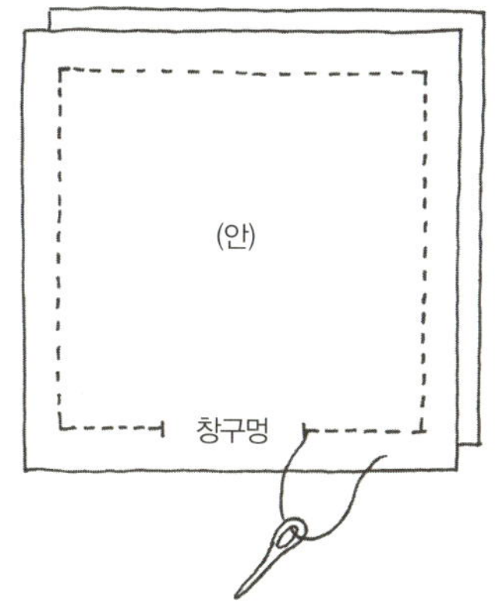

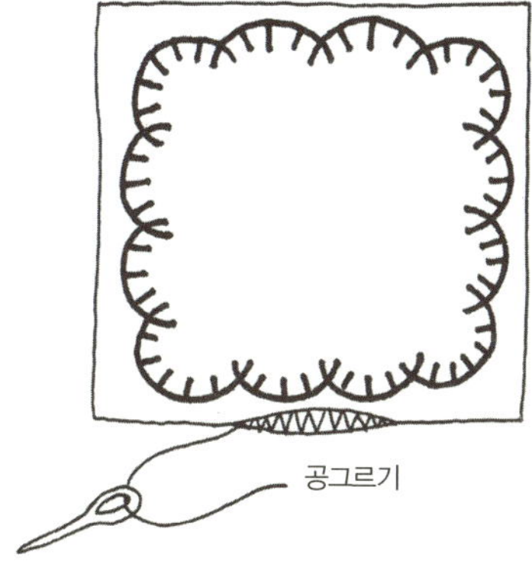

3 앞·뒷면 천을 겉면끼리 맞대어 창구멍을 제외한 부분을 모두 박음질한다.

4 창구멍으로 뒤집은 후 공그르기로 막아준다.

5 다림질을 해서 모양을 잡아준다(단 다림질은 수놓은 면에 직접 하지 말고, 뒷면을 다려준다).

티코스터
자수 도안

2줄 페더 스티치

2줄 블랭킹 스티치

2줄 헴 스티치

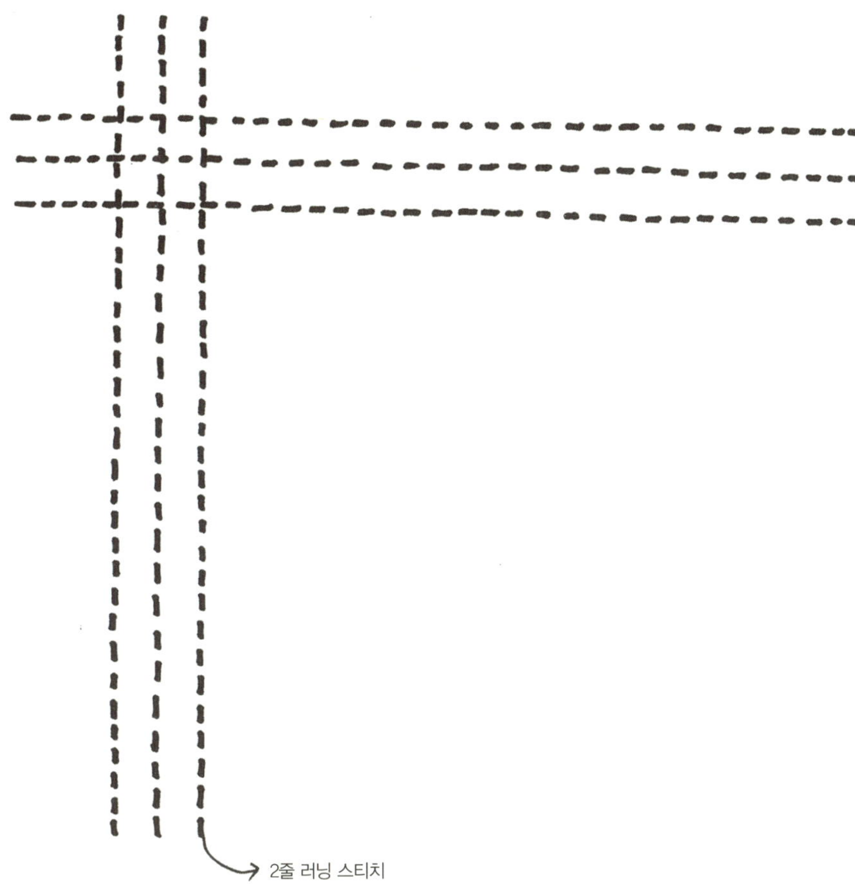

2줄 러닝 스티치

티매트

1 무지 리넨 천과 패치워크할 다양한 천들을 준비한
다.(각 시접은 0.7cm)

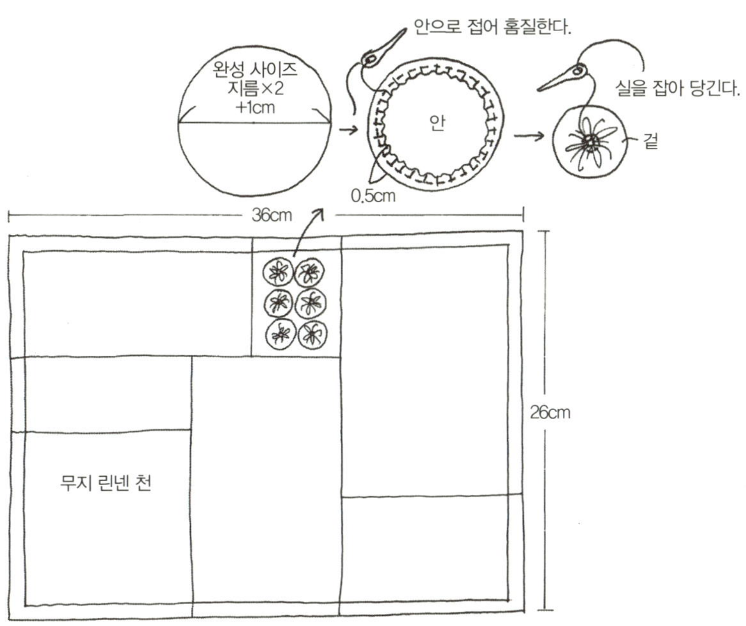

2 각 천들을 36×26cm 안에서 어우러지게 패치한다.

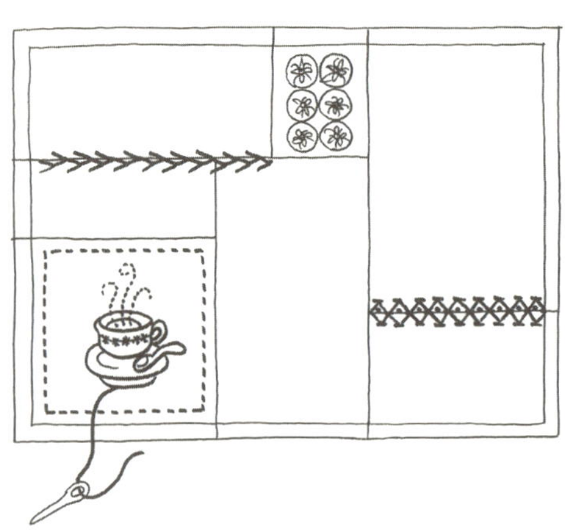

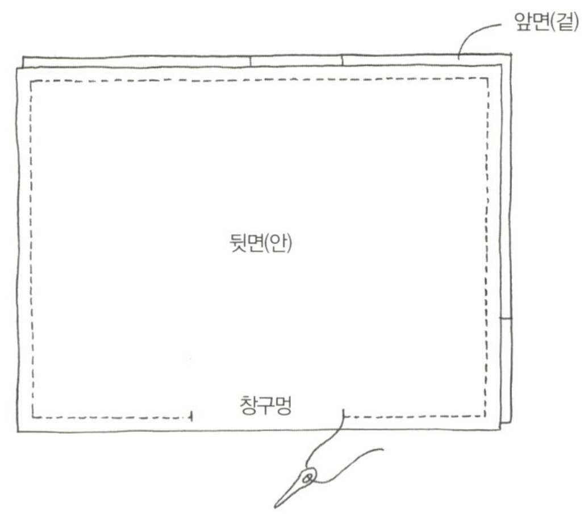

3 무지 리넨 천 부분에 도안을 그리고 수를 놓는다.

4 앞 · 뒷면 천을 겉면끼리 맞대어 창구멍을 제외한 부분을 모두 박음질한다.

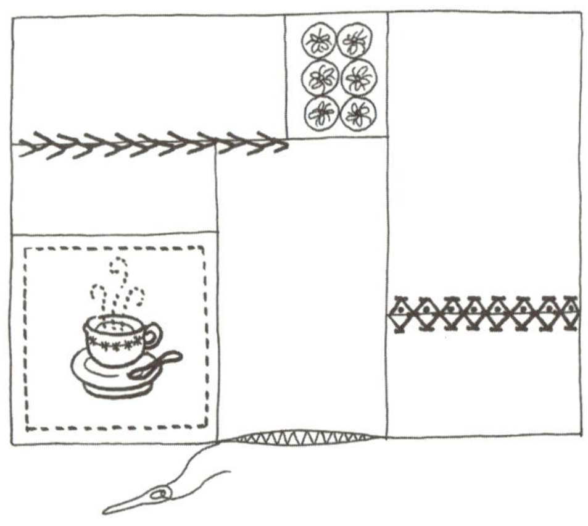

5 창구멍으로 뒤집은 후 공그르기로 막아준다.

티매트
자수 도안

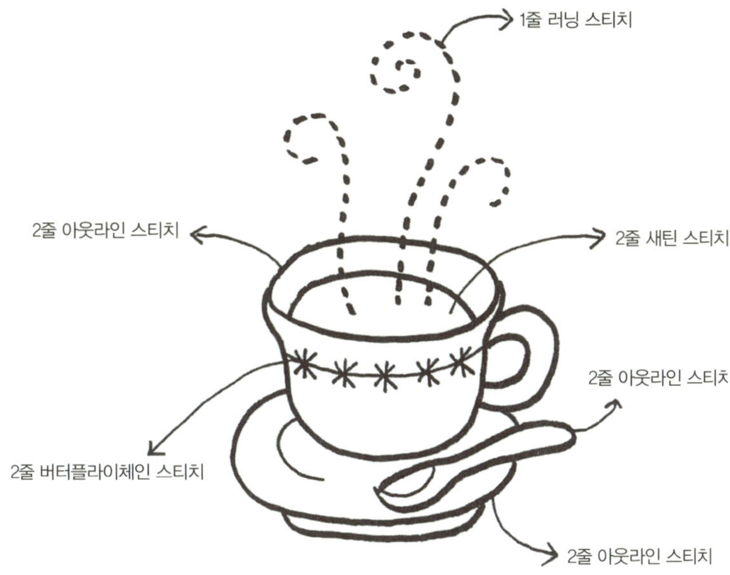

1줄 러닝 스티치
2줄 아웃라인 스티치
2줄 새틴 스티치
2줄 아웃라인 스티치
2줄 버터플라이체인 스티치
2줄 아웃라인 스티치

티팟 덮개

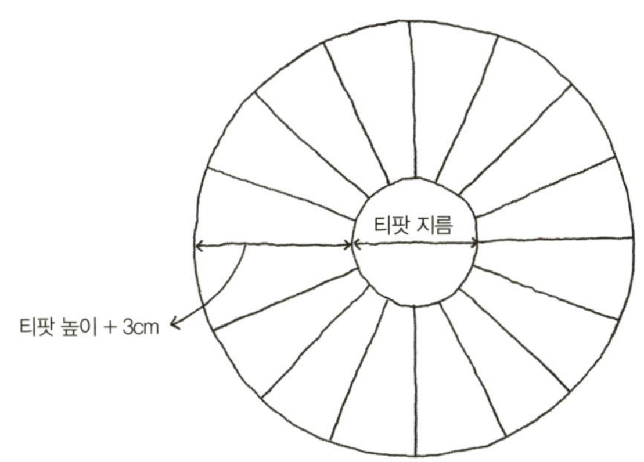

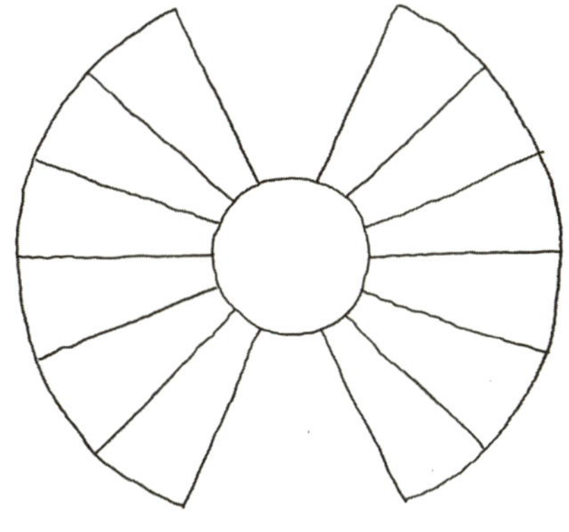

1 가지고 있는 티팟의 바닥 지름과 높이를 잰 후 사이즈에 맞게 도안을 그린다.

2 그림과 같이 재단한다.

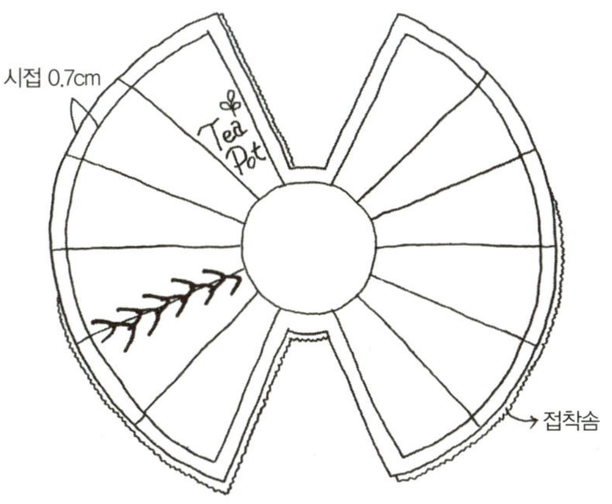

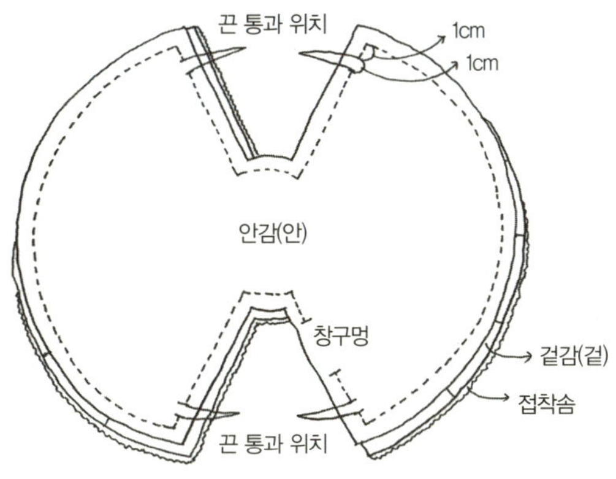

3 패치를 하거나 수를 놓은 후 겉감 안쪽에 접착솜(2온스)을 붙여준다.

4 겉감과 안감을 서로 겉면끼리 마주보게 놓은 후 창구멍을 제외한 둘레를 박음질한다. 이때 끈이 통과하는 위치는 바느질하지 않는다.

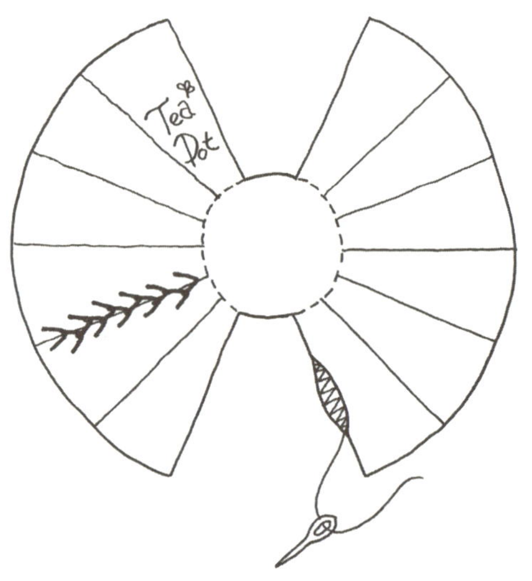

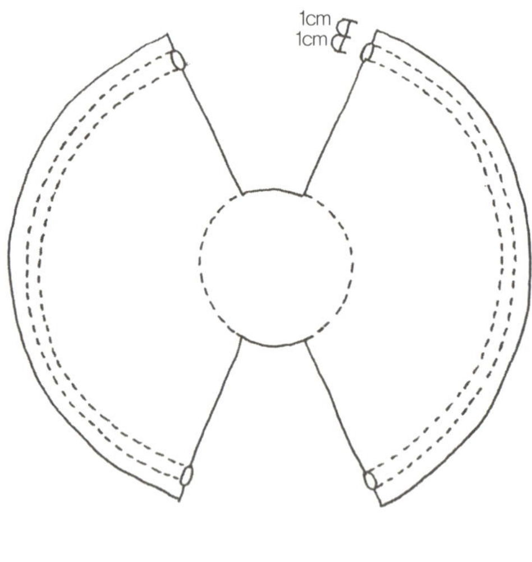

5 곡선 부분에는 가위집을 준다. 창구멍으로 뒤집은 후 공그르기로 막아준다.

6 위에서 1cm 내려온 지점과 2cm 내려온 지점을 박음질해 끈이 통과할 위치를 만들어준다.

7 끈을 끼운 후 잡아당기면 자연스럽게 모양이 잡힌다.

2줄 아웃라인 스티치

2줄 플라이 스티치

Tea
Pot

Love Story

사랑을 담아볼까?

남편은 바쁘고, 아이는 커가고

남편은 회식이다, 아이는 학교에서 공부한다고 저녁까지 먹고 옵니다.

점점 집에서 밥 먹는 횟수보다 밖에서 먹고 오는 횟수가 늘어납니다.

처음에는 좋았지요.

아무것도 아닌 것 같아도

밥 한 끼 차리는 게 얼마나 손 많이 가는 일인지 아시잖아요?

하지만 그것도 잠시, 마음이 점점 불편해집니다.

왜 그럴까? 그 이유를 모르겠습니다.

그러다 한참만에 깨달은 건 내가 엄마이기 때문이죠.

내가 아내이기 때문인 거죠.

식구들에게 정성스런 밥을 먹이고 싶은 엄마의 마음이에요.

도시락가방

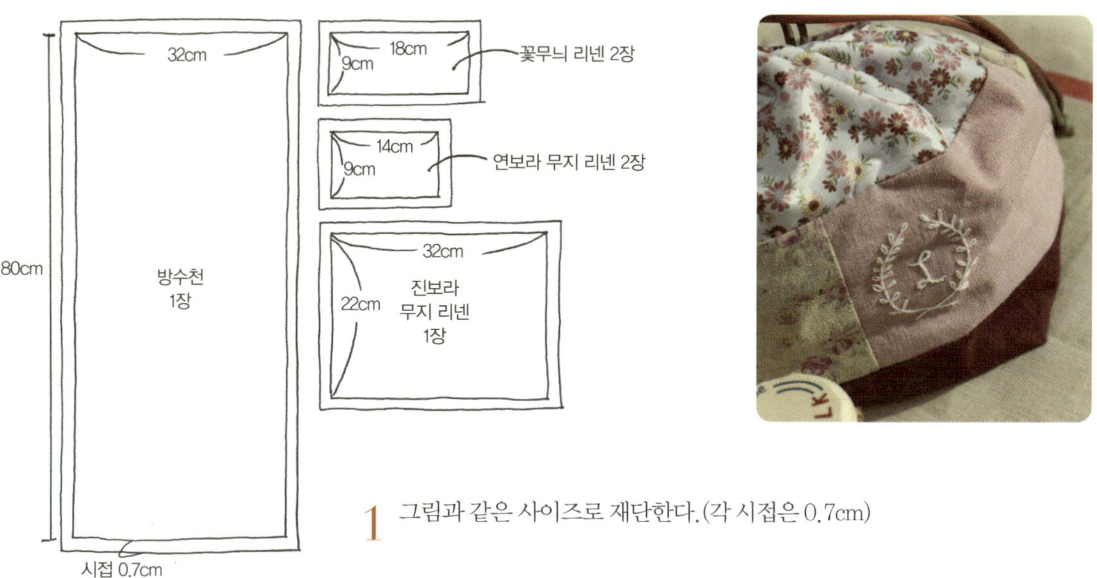

1 그림과 같은 사이즈로 재단한다. (각 시접은 0.7cm)

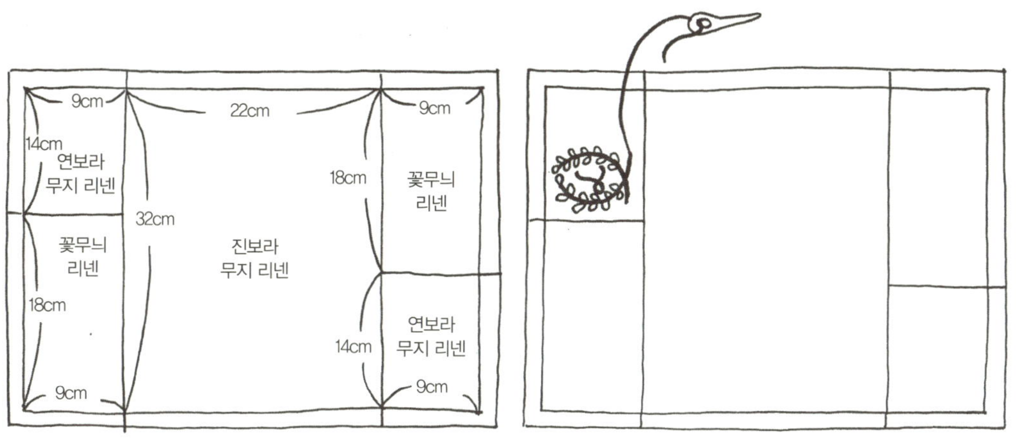

2 그림처럼 천을 연결한 후 그림과 같은 위치에 수를 놓
는다.

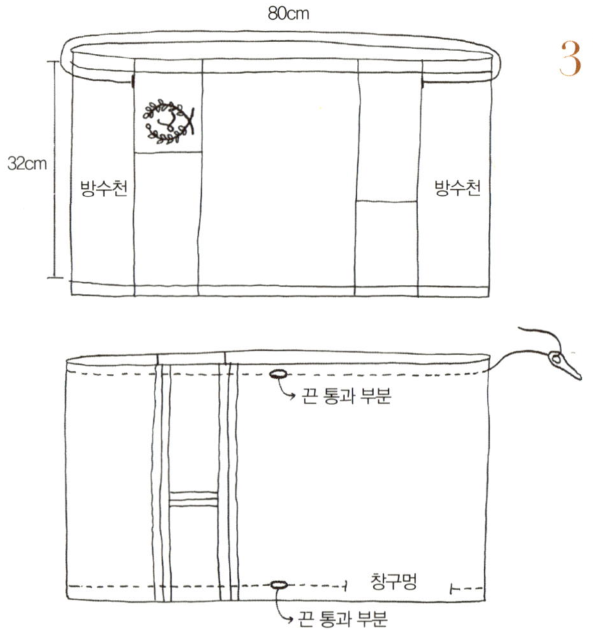

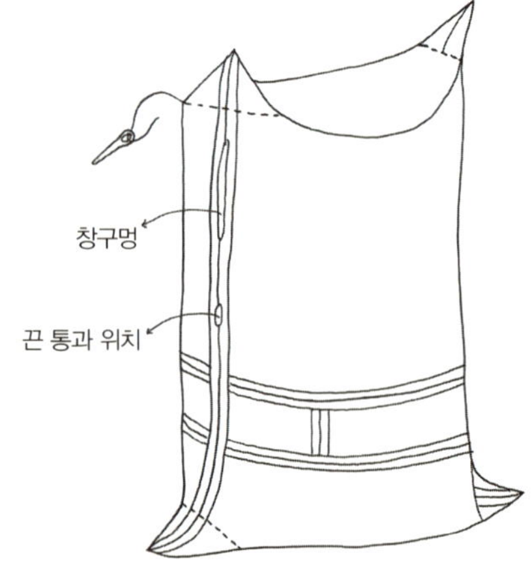

3 방수천은 수를 놓은 후 그림과 같이 연결한다.

4 창구멍과 끈이 통과할 부분을 남기고 옆선을 박아준
다.

5 안으로 접어넣은 후 바닥면은 4cm 정도
로 잡아준다.

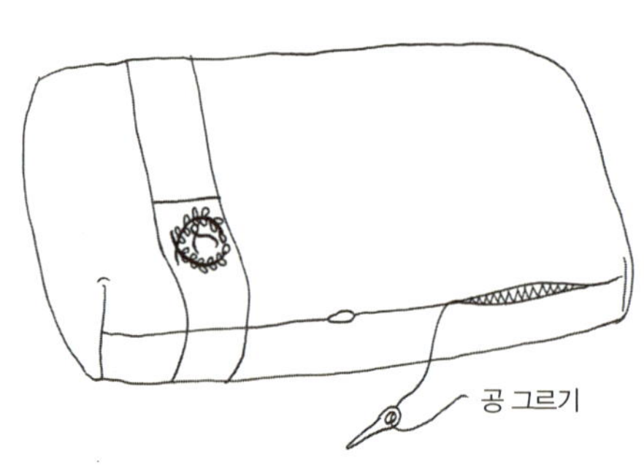

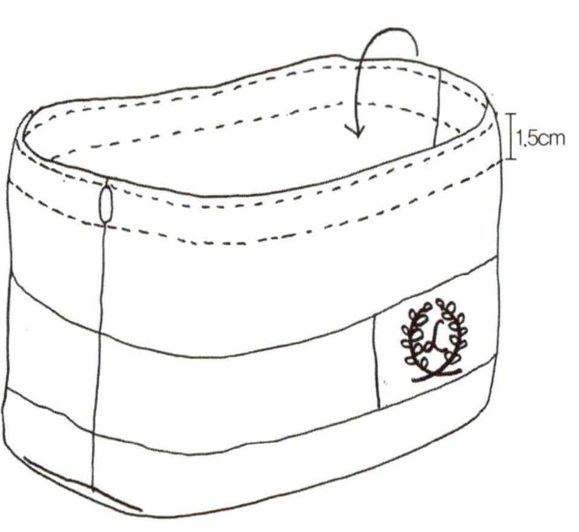

6 창구멍으로 뒤집은 후 공그르기로 막아준다.

7 안으로 접어넣은 후 끈이 통과할 부분을 꿰매준다
(1.5cm 간격).

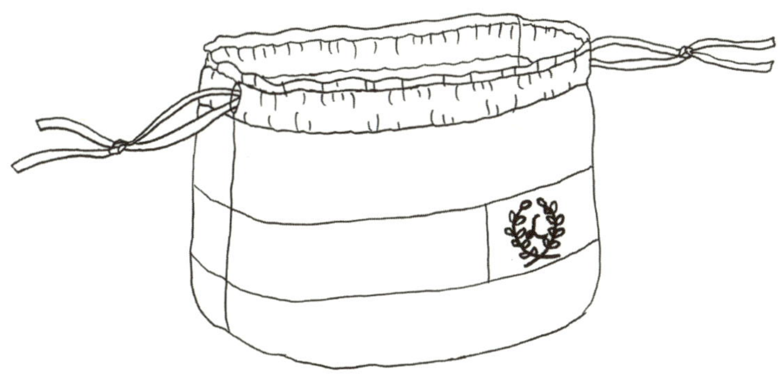

8 양쪽으로 끈을 통과시켜 끼운다.

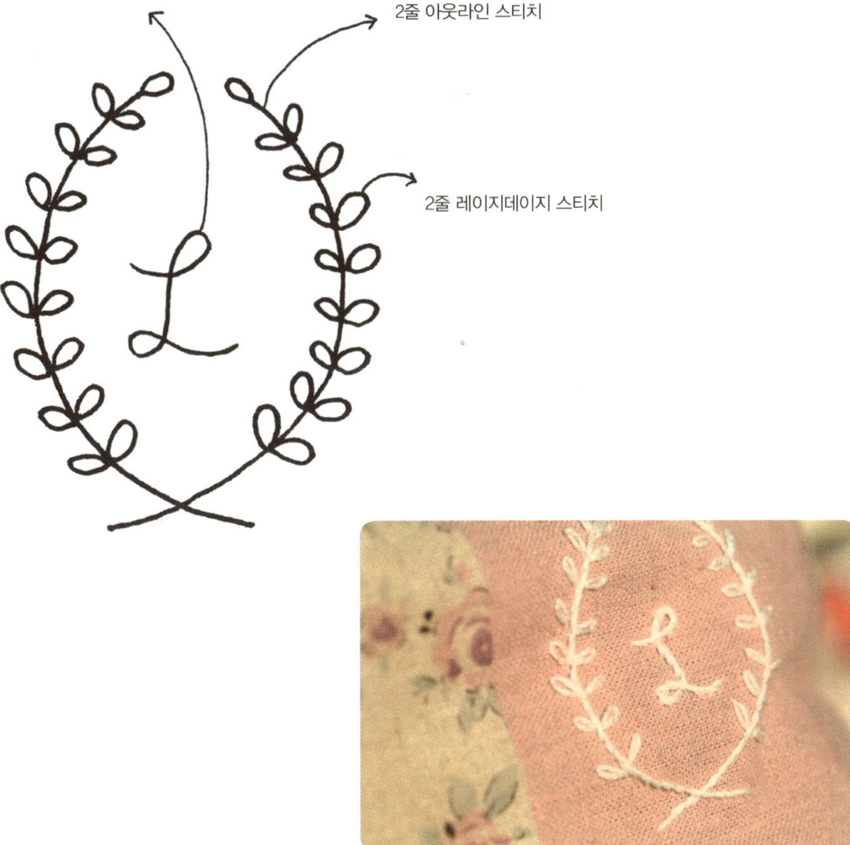

매트 겸 수저집

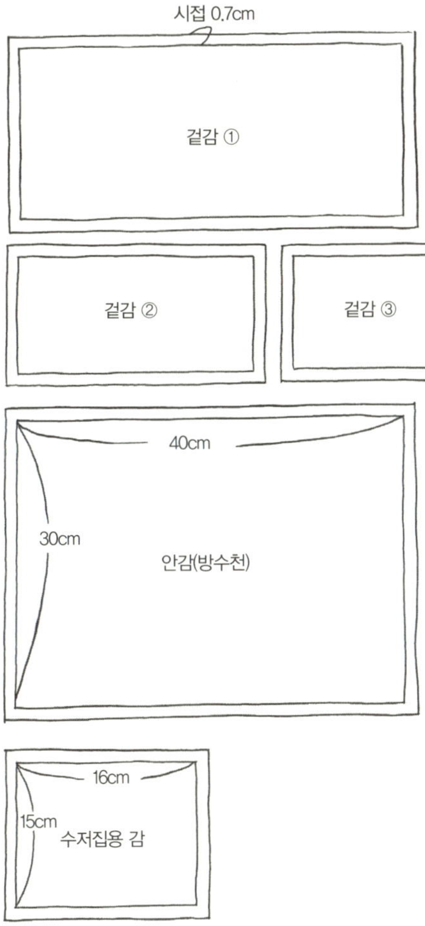

시접 0.7cm

겉감 ①

겉감 ②　　겉감 ③

40cm
겉감 ①　　30cm
겉감 ②　　겉감 ③

↗ (가로 40cm, 세로 30cm에
　맞추어 패치)

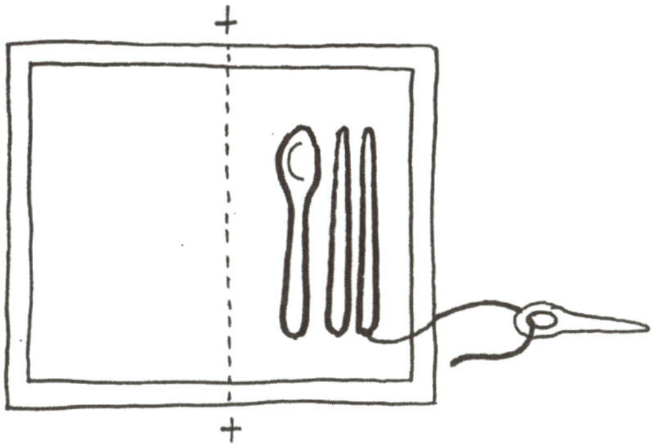

40cm

30cm

안감(방수천)

16cm

15cm　수저집용 감

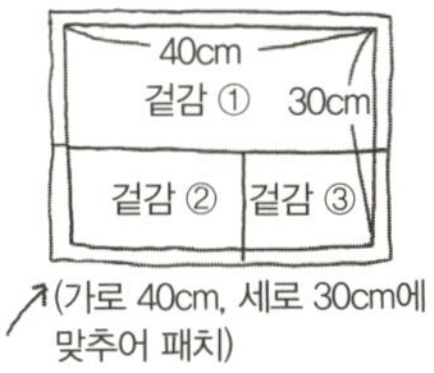

1　그림과 같은 사이즈로 재단한다. (각 시접은 0.7cm)

2　주머니 부분을 그림처럼 반으로 접어 수를 놓는다.

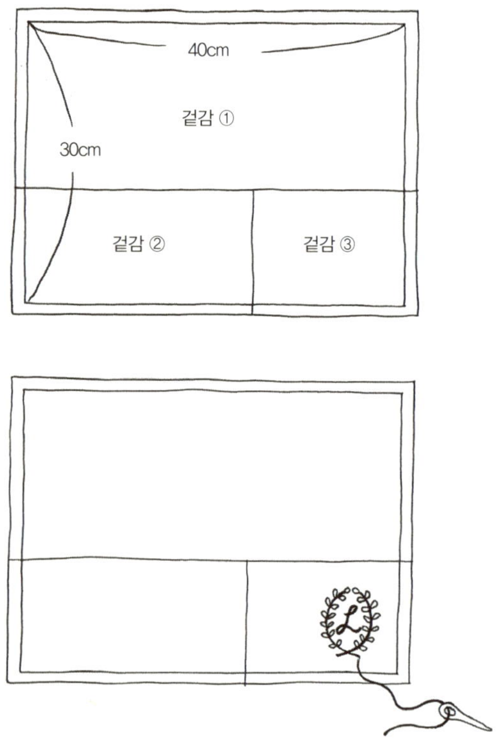

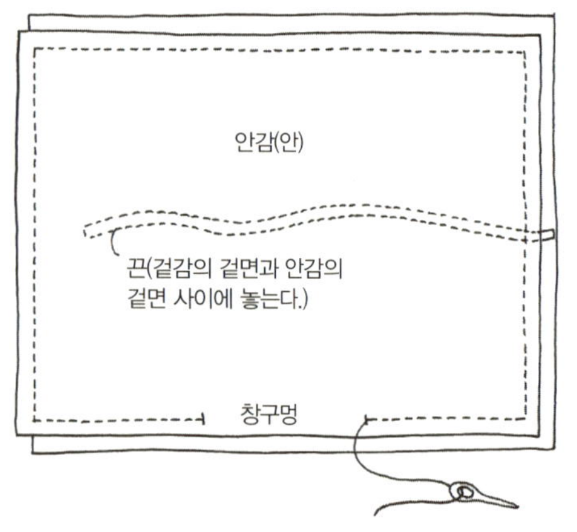

3 겉감에도 수를 놓는다.

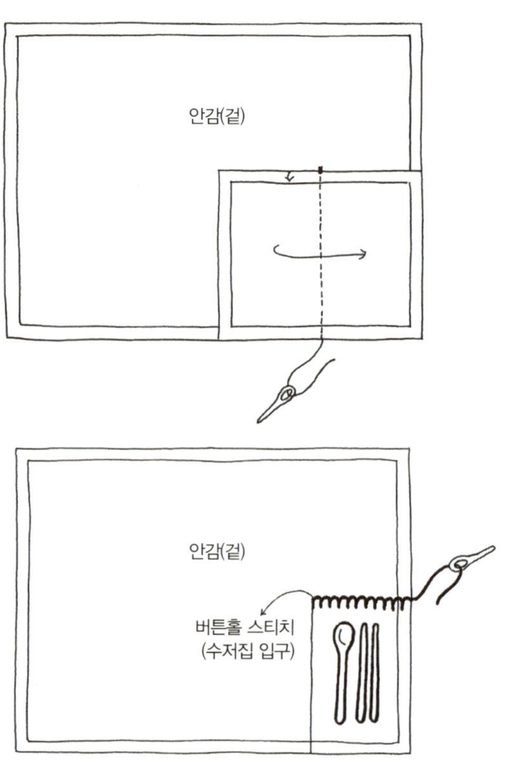

4 안감에 주머니의 중앙 부분을 바느질해 붙인 후 반을 접어 입구 부분을 버튼홀 스티치로 마무리 해 준다.

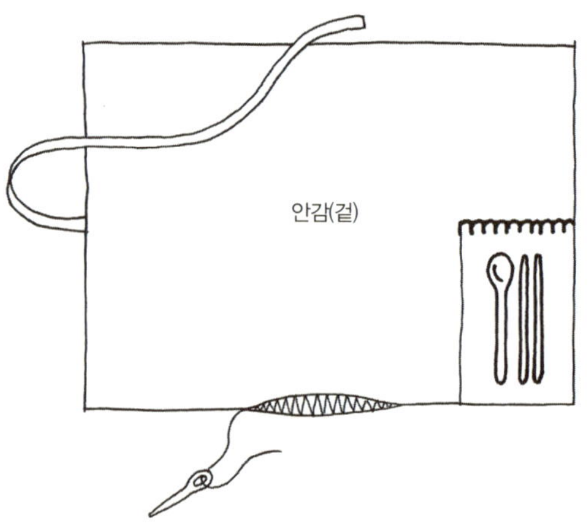

5 겉감과 안감의 겉면끼리 맞대고 끈을 끼어 넣은 후 홈질로 꿰맨다(창구멍은 남겨둔다).

6 창구멍으로 뒤집은 후 공그르기로 막아준다.

2줄 아웃라인 스티치

2줄 아웃라인 스티치

2줄 레이지데이지 스티치

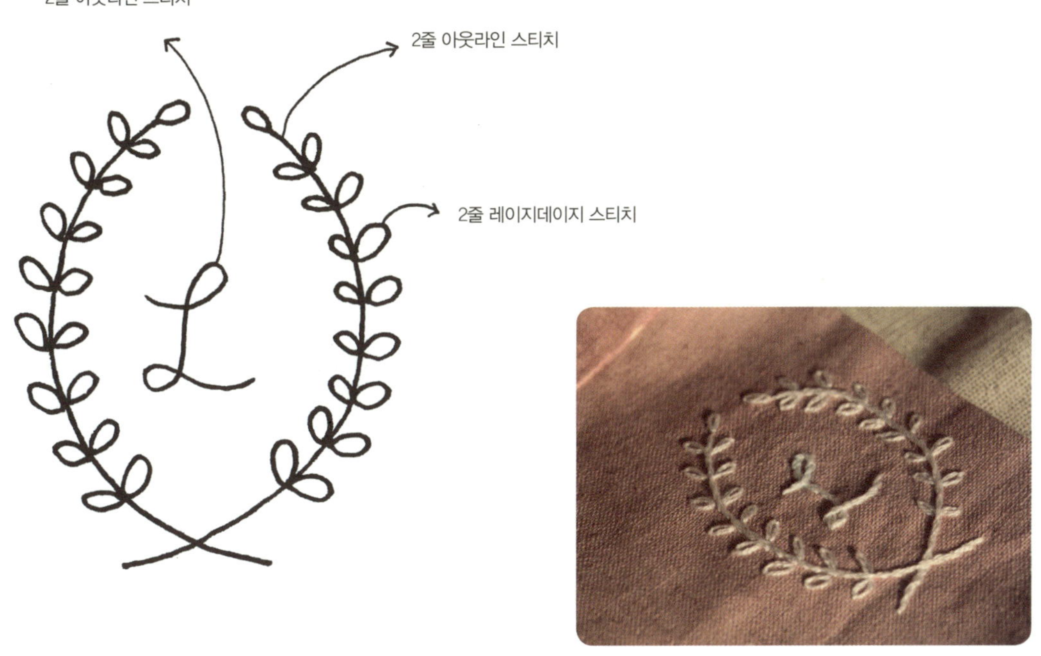

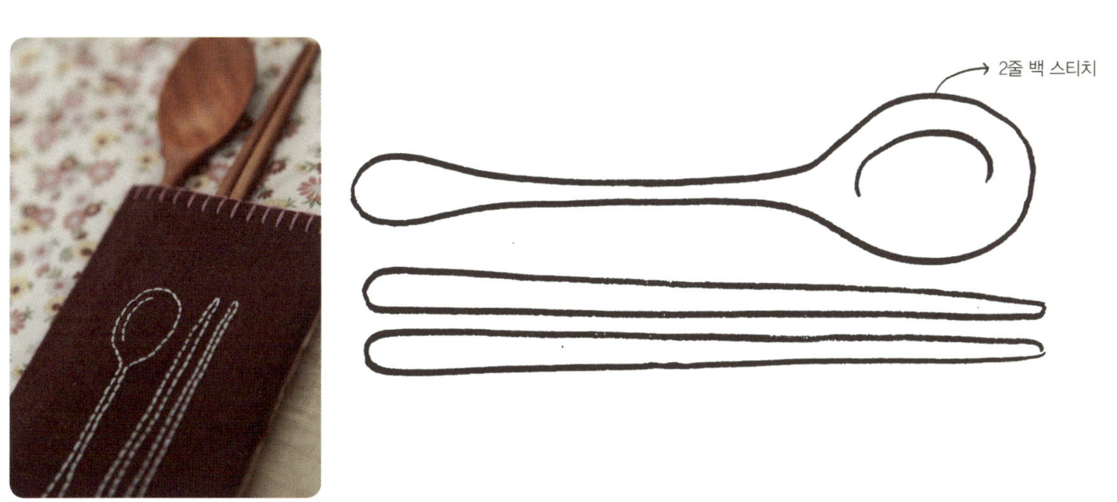

Bathroom
특별한 욕실 꾸미기

이걸 아까워서 어떻게 써요!

세면대 옆에 정성스레 수를 놓은 핸드타월을 놓아두셨지만

선뜻 손을 닦지 못하십니다.

괜찮다고, 아무리 괜찮다고 말씀드려도 다른 수건을 내어달라고 하시네요.

그래서 타월이 아닌 홀더에 수를 놓아 바구니에 담아놓았습니다.

이젠 부담 없이 쓰실 수 있을까요?

패브릭 타월

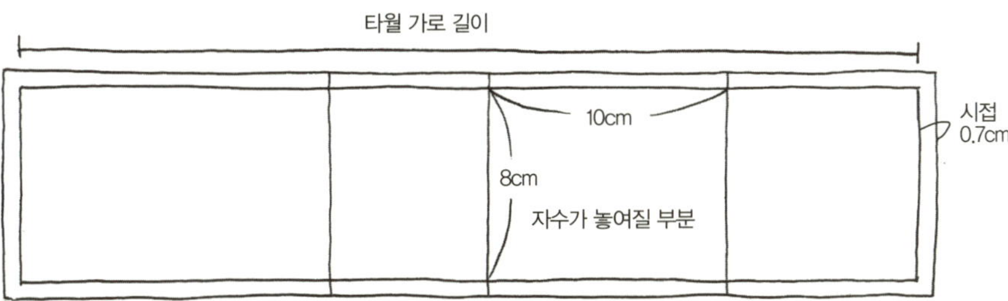

1   사용할 타월의 가로 길이를 잰다. 자수가 놓일 부분은 10×8cm로 재단하고, 다른
자투리 천들의 세로 길이를 8cm에 맞춘 후 타월의 가로 길이만큼 연결한다.

2   수를 놓는다.

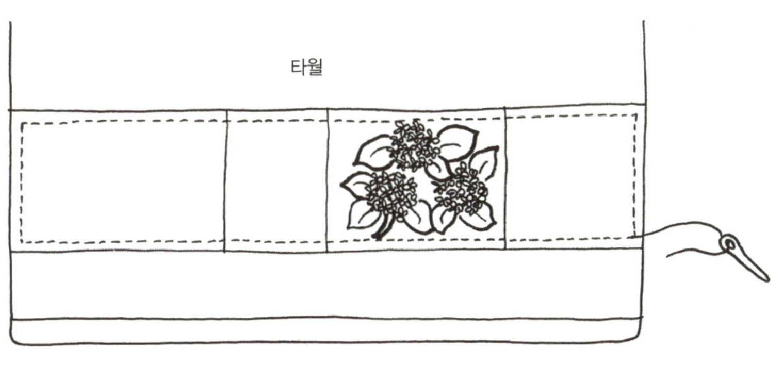

3   패치한 천의 시접을 접어넣으며 타월에
박음질로 연결한다.

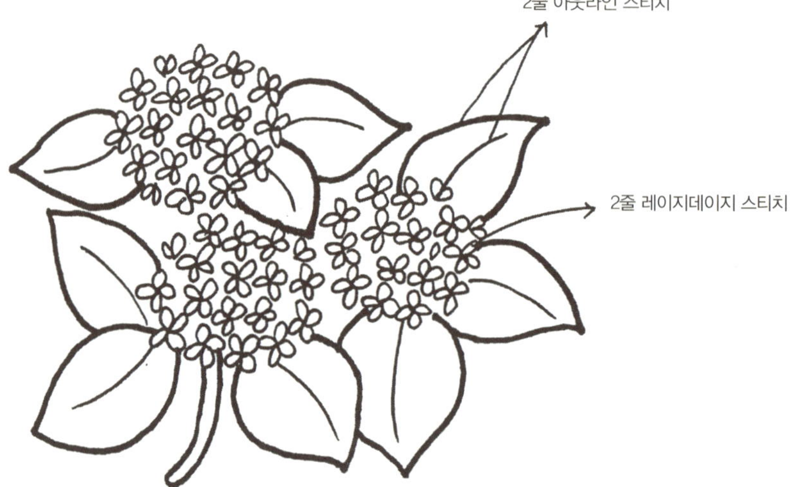

2줄 아웃라인 스티치
2줄 레이지데이지 스티치

핸드타월 홀더

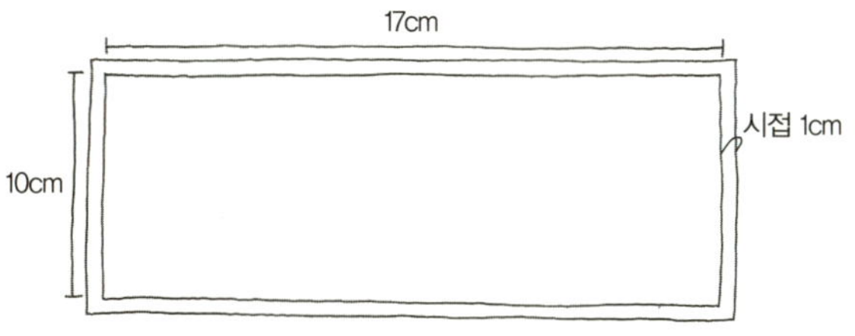

1 무지 천을 17×10cm로 재단하고, 시접은 사방 1cm 를 둔다.

2 정중앙에 수를 놓는다.

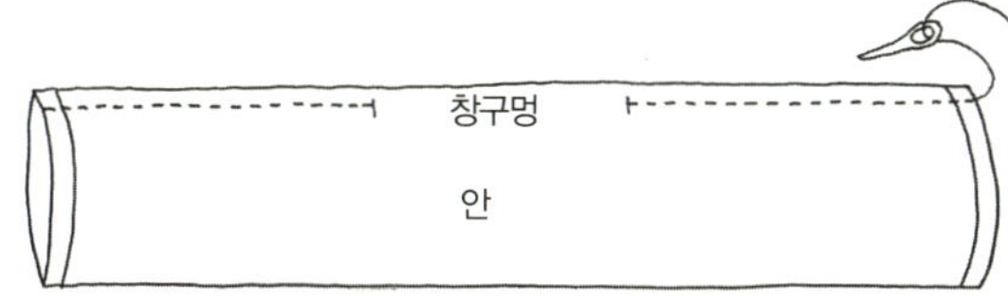

3 세로로 반을 접어 가운데에 창구멍을 남기고 박음질 한다.

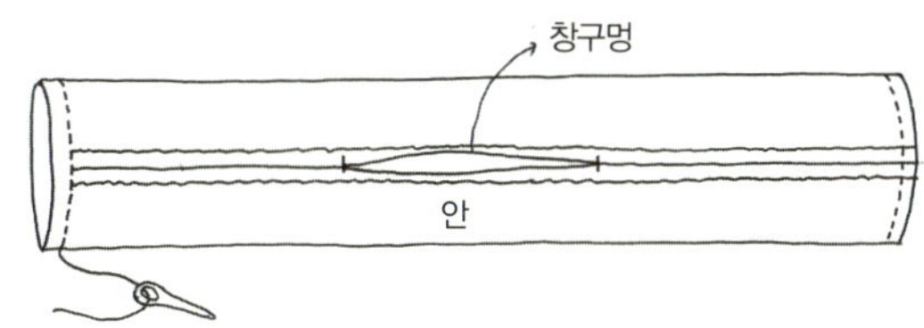

4 박음질한 선이 뒷면 중앙에 위치하도록 접은 후 양쪽 끝을 박음질한다.

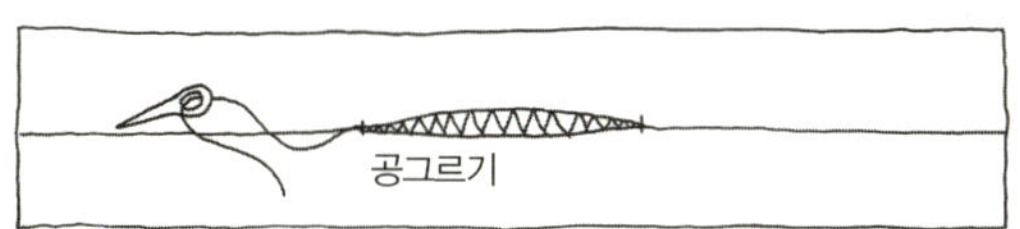

5 창구멍으로 뒤집은 후 공그르기로 창구멍을 막아준 다.

6 다림질을 해서 모양을 잡아준다.

7 양쪽 끝부분에 가시도트 단추나 스냅 단추를 달아준 다.

핸드타월
홀더
자수 도안

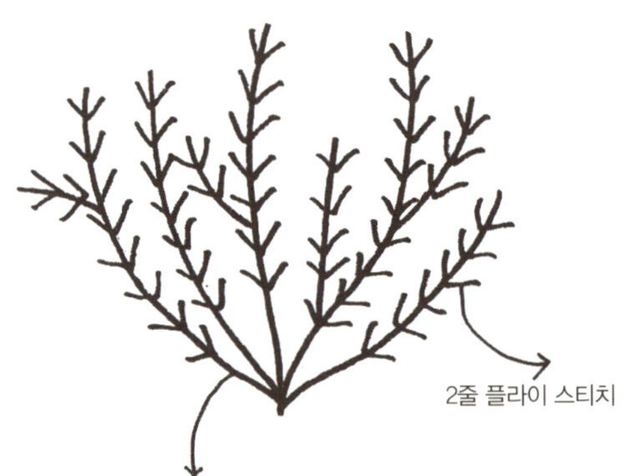

2줄 플라이 스티치
2줄 아웃라인 스티치

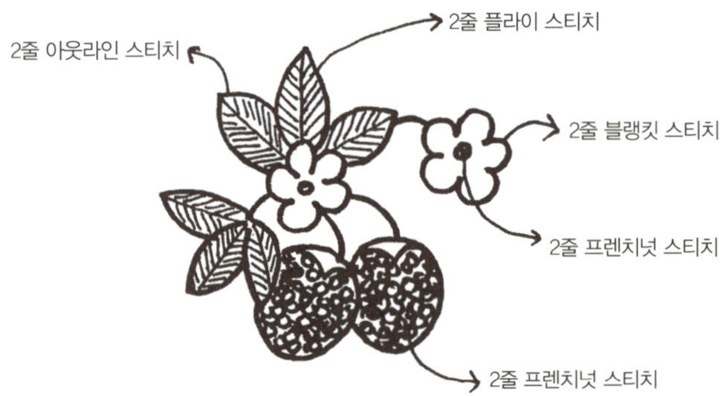

2줄 아웃라인 스티치
2줄 플라이 스티치
2줄 블랭킷 스티치
2줄 프렌치넛 스티치
2줄 프렌치넛 스티치

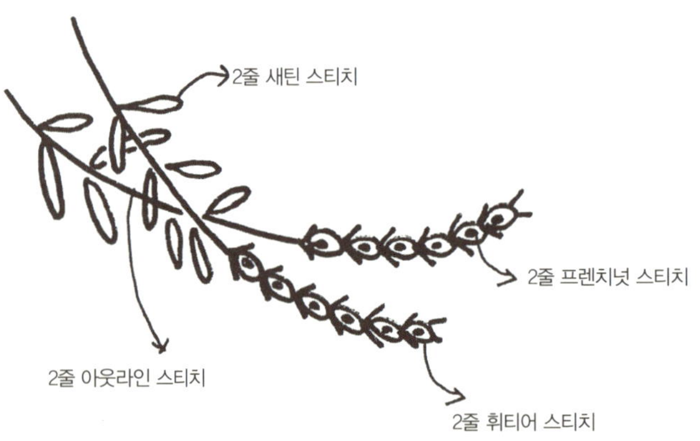

2줄 새틴 스티치
2줄 프렌치넛 스티치
2줄 아웃라인 스티치
2줄 휘티어 스티치

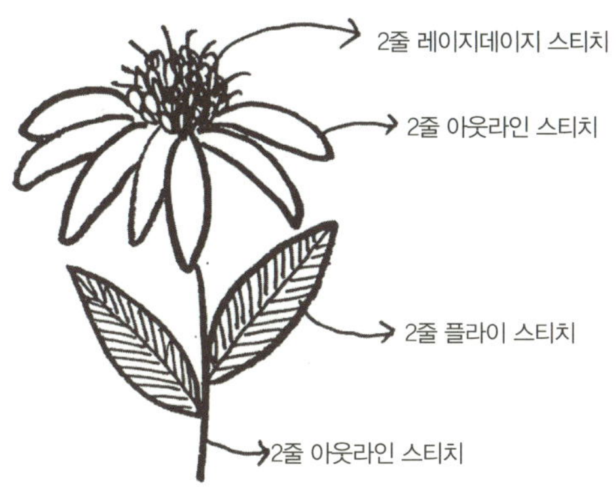

2줄 레이지데이지 스티치
2줄 아웃라인 스티치
2줄 플라이 스티치
2줄 아웃라인 스티치

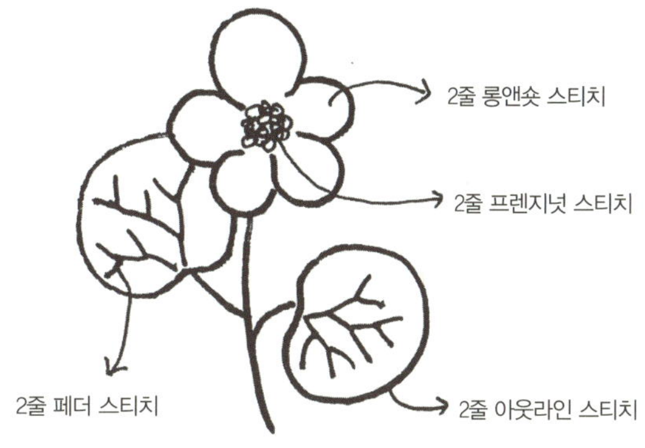

2줄 롱앤숏 스티치
2줄 프렌지넛 스티치
2줄 페더 스티치
2줄 아웃라인 스티치

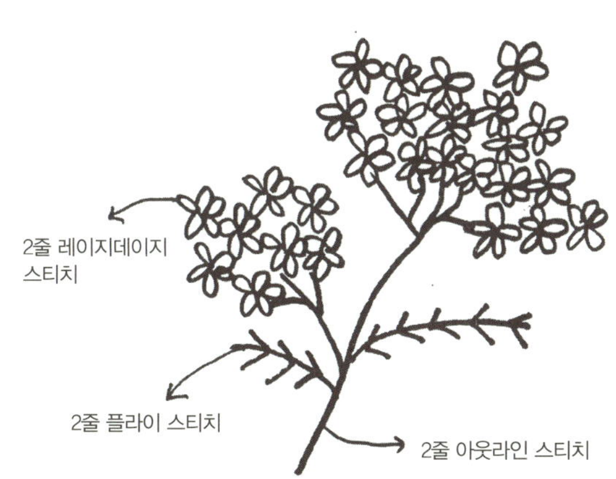

2줄 레이지데이지
스티치
2줄 플라이 스티치
2줄 아웃라인 스티치

Kitchen

내겐 너무 예쁜 부엌

식탁에 앉아 밥을 먹는 남편과 아들에게
나도 한때는 청초한 수선화 같고,
나도 한때는 가녀린 코스모스 같았던 때가 있었노라고 말을 꺼내자
믿을 수 없다는 듯 절레절레 고개를 저으며 두 남자는 밥만 먹습니다.
아들 녀석이야 태어나기 전이니 보지 못해 그렇다 쳐도
남편까지 그러는 건 정말 배신입니다.
마음 같아서는 먹던 밥그릇을 뺏고 싶지만 어쩌겠어요?
꽃 같은 외모는 사라졌지만 아직 꽃 같은 마음은 남아 있는 제가 참아야죠.

주방창 미니 커텐

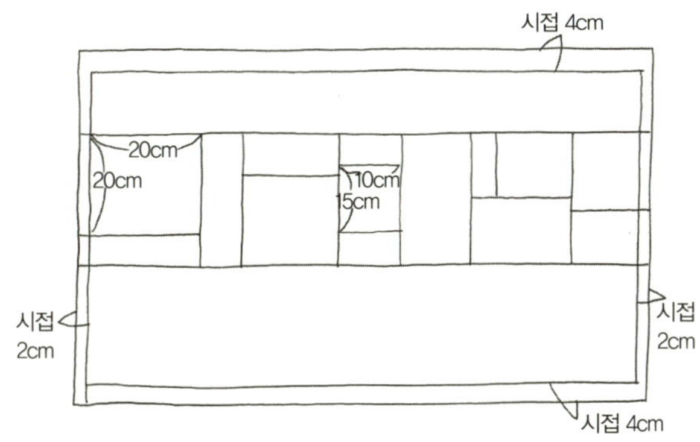

1 자수 부분의 치수는 10×15cm, 20×20cm를 기본으로 주방창의 크기에 알맞게 적당한 천을 패치한다(시접은 윗부분은 4cm, 좌우 2cm를 준다).

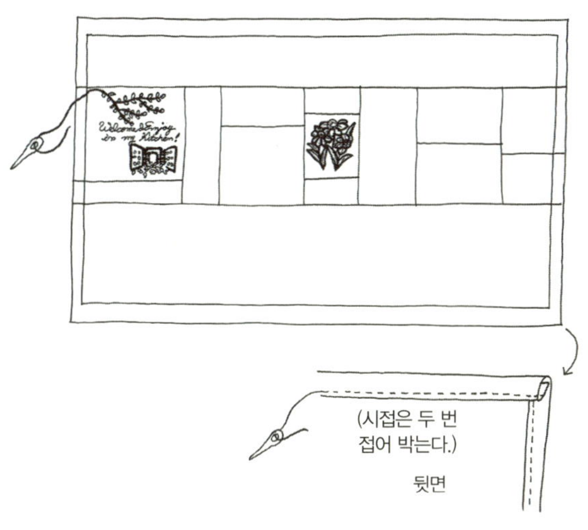

2 자수를 놓은 후 시접 부분은 두 번 접어 박는다.

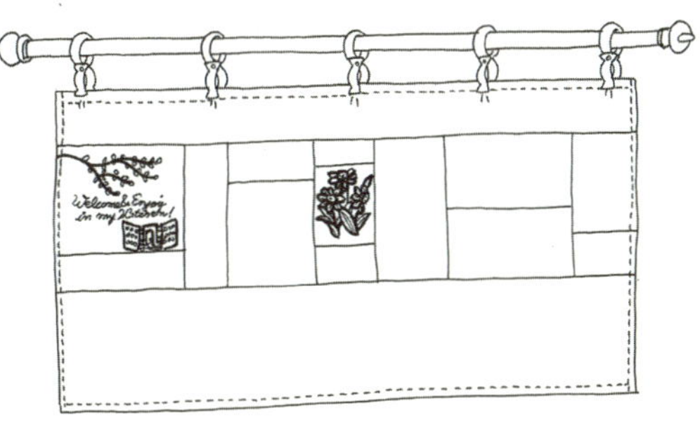

3 링 집게고리를 이용해 커튼 봉에 끼운다.

주방창
미니 커텐
자수 도안

& Enjoy
Kitchen!

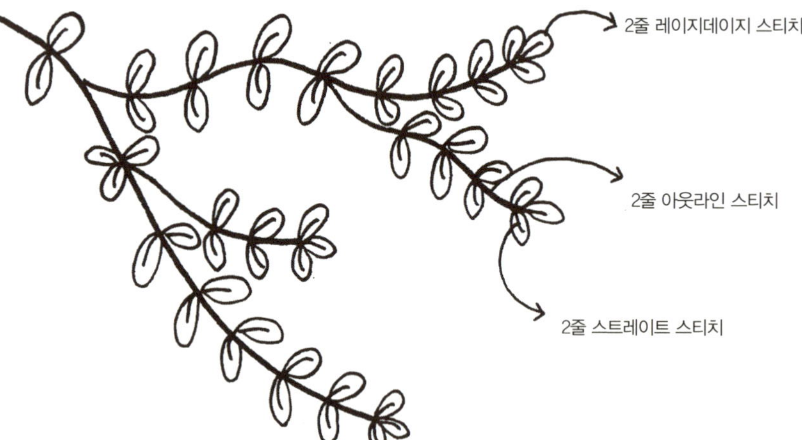

2줄 레이지데이지 스티치

2줄 아웃라인 스티치

2줄 스트레이트 스티치

2줄 아웃라인 스티치

Welcome & Enjoy
in My Kitchen!

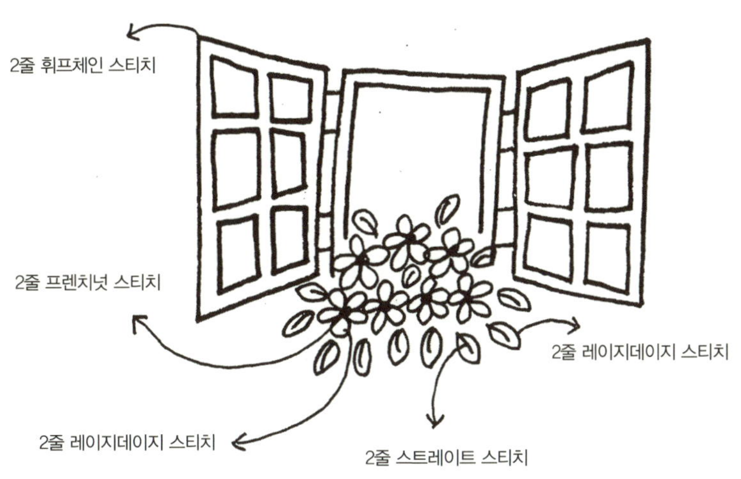

2줄 휘프체인 스티치
2줄 프렌치넛 스티치
2줄 레이지데이지 스티치
2줄 레이지데이지 스티치
2줄 스트레이트 스티치

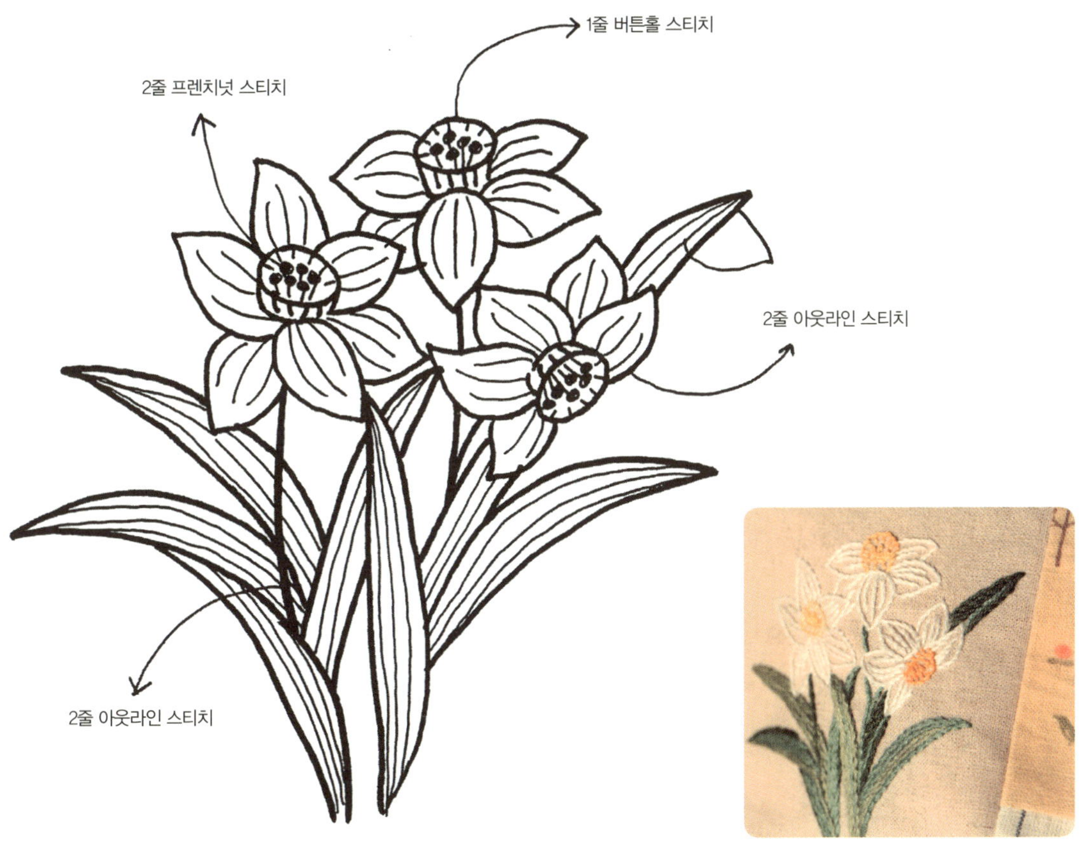

1줄 버튼홀 스티치
2줄 프렌치넛 스티치
2줄 아웃라인 스티치
2줄 아웃라인 스티치

소창 행주

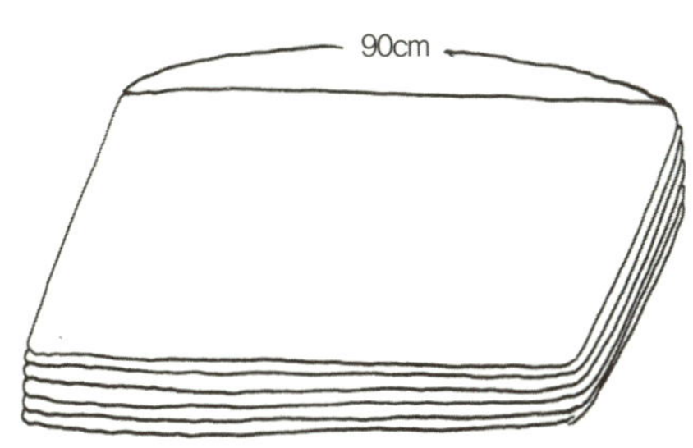

1 소창은 보통 한 필(30마) 단위로 판매하는데, 한 마
(90cm) 단위로 접혀 있다. 행주를 만들 때는 접혀 있
는 그대로 잘라 한 마(90cm)로 행주 한 장을 만드는
게 편하다.

3 겉쪽 한 겹의 적당한 위치에 수를 놓는다.

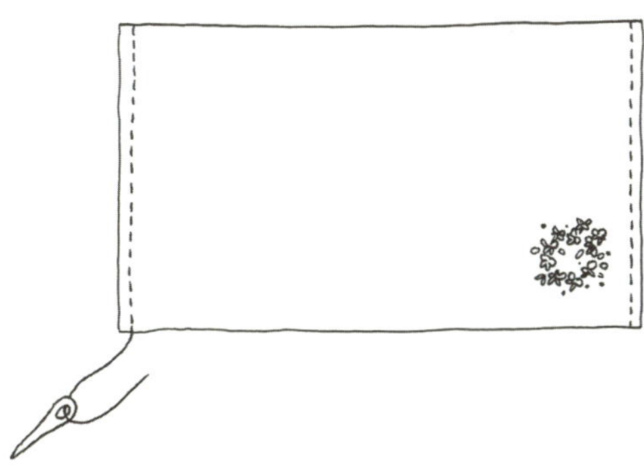

4 양쪽 옆의 시접을 1cm 정도씩 안으로 접어 넣은 후,
겉에서 상침하듯 홈질로 꼼꼼히 꿰매준다.

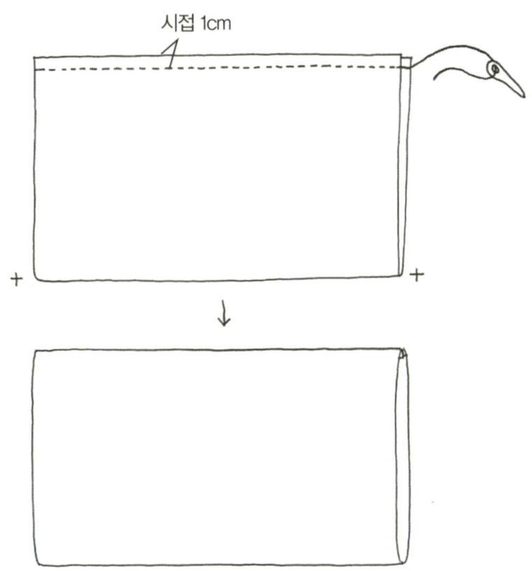

2 소창 한 마를 반으로 접어 시접 1cm를 두고 홈질해
뒤집는다.

2줄 스트레이트 스티치
2줄 프렌치넛 스티치
2줄 레이지데이지 스티치

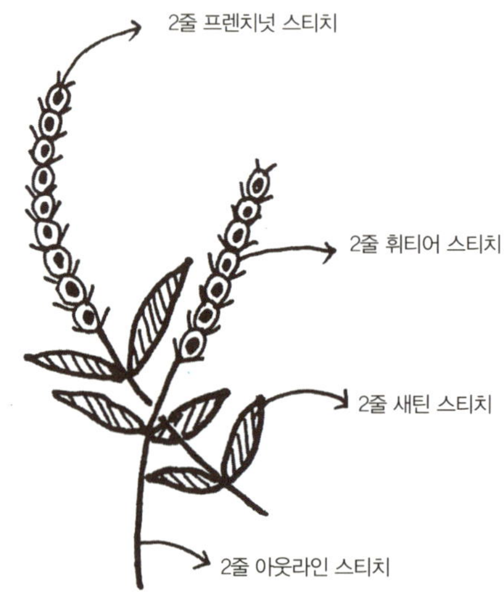
2줄 프렌치넛 스티치
2줄 휘티어 스티치
2줄 새틴 스티치
2줄 아웃라인 스티치

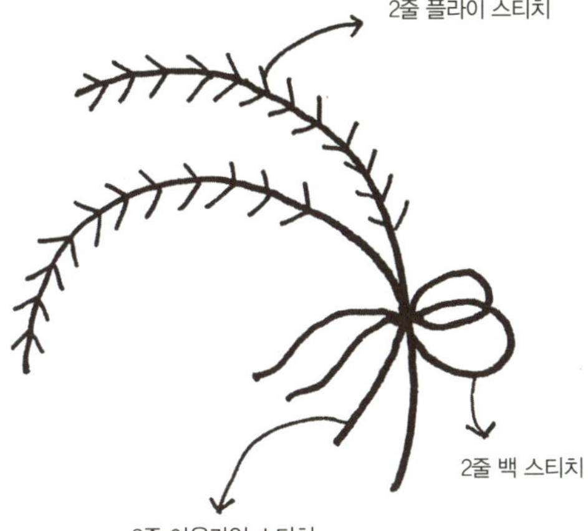

2줄 플라이 스티치
2줄 백 스티치
2줄 아웃라인 스티치

2줄 레이지데이지 스티치
2줄 아웃라인 스티치

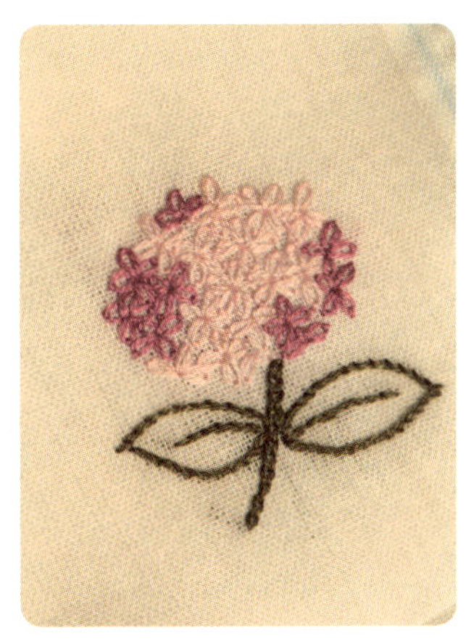

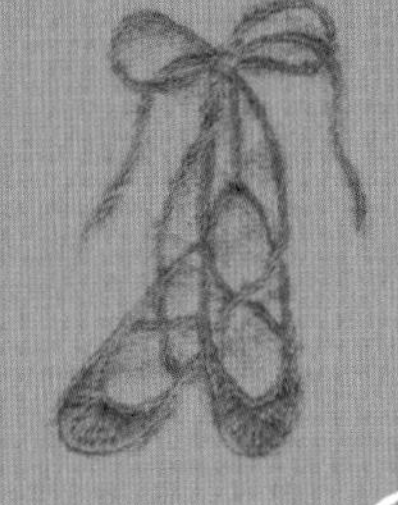

Welcome Home

사랑이 가득한 집

외출이 유난히 힘들었던 날,
집에 돌아온 나를 제일 먼저 맞아주는 발매트와 덧신.
폭신한 쿠션까지 껴안고 소파에 파묻히면
세상 어떤 곳도 부럽지 않은 가장 편한 우리집!

Welcome Home
발매트

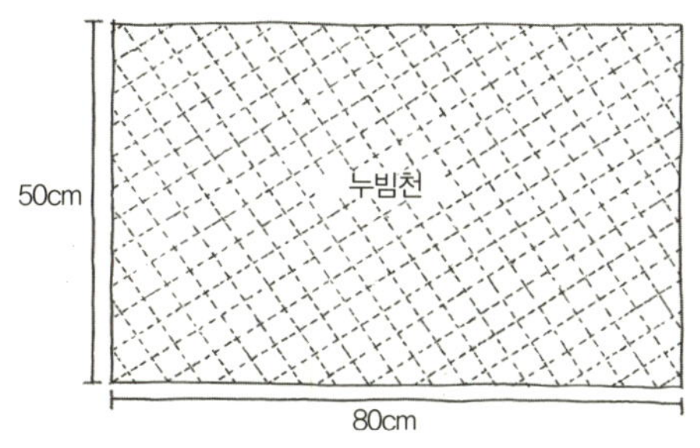

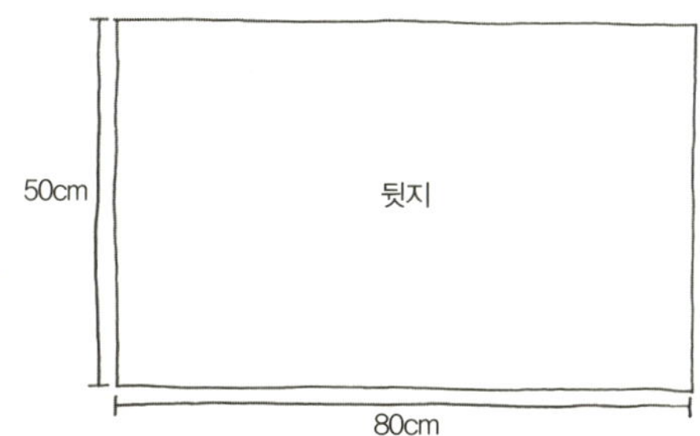

1 80×50cm의 누빔천과 같은 크기의 뒷지를 준비한다.

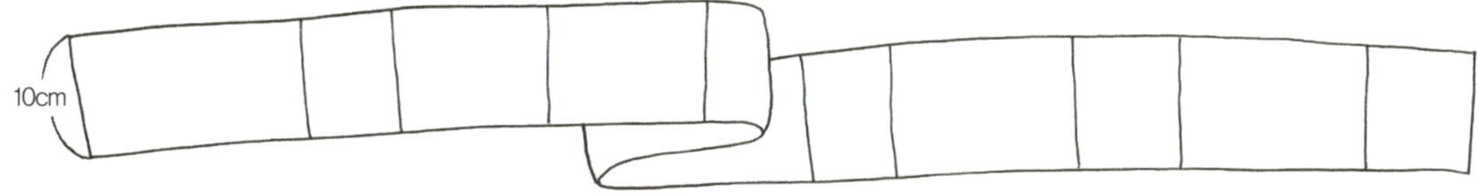

2 가지고 있는 자투리 천들을 세로 10cm 길이에 맞게 길게 이어서 둘레에 두를 바이어스를 준비한다.

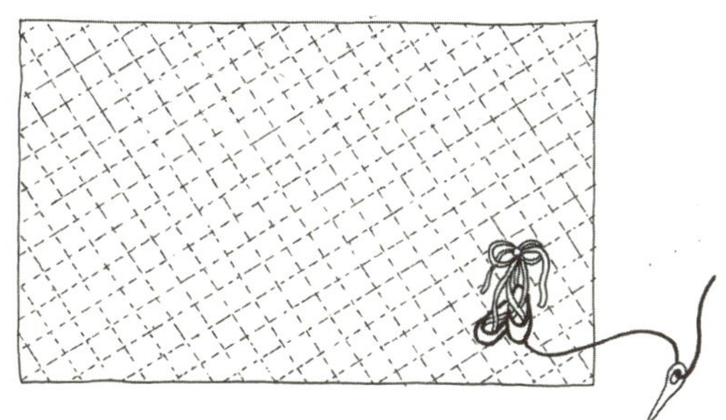

3 수를 놓는다.

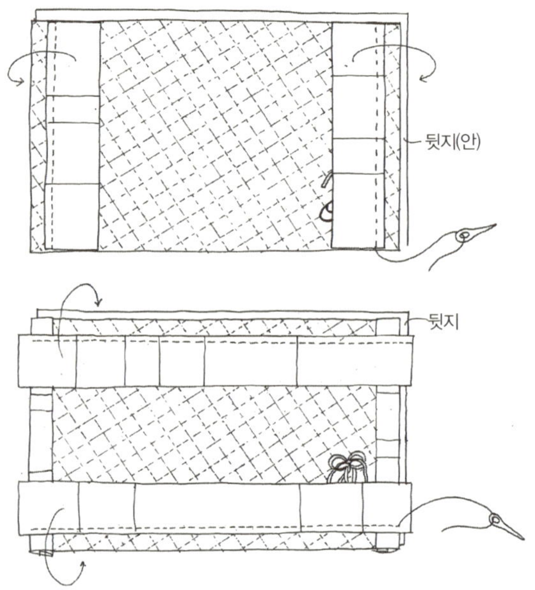

4 양쪽 세로의 바이어스를 먼저 박아주고, 위 · 아래의
바이어스를 박아준다.

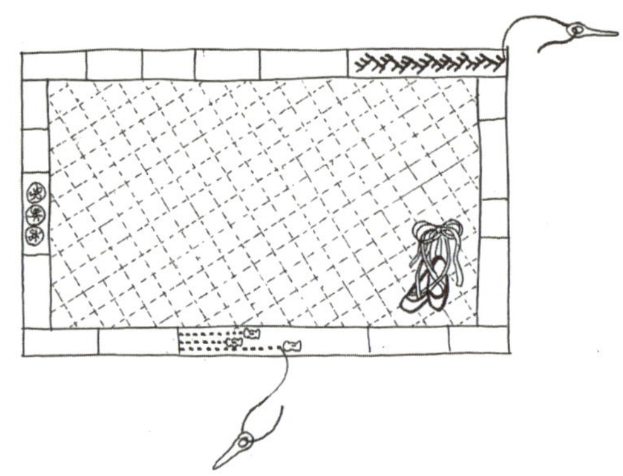

5 바이어스 위에 수를 놓는다.

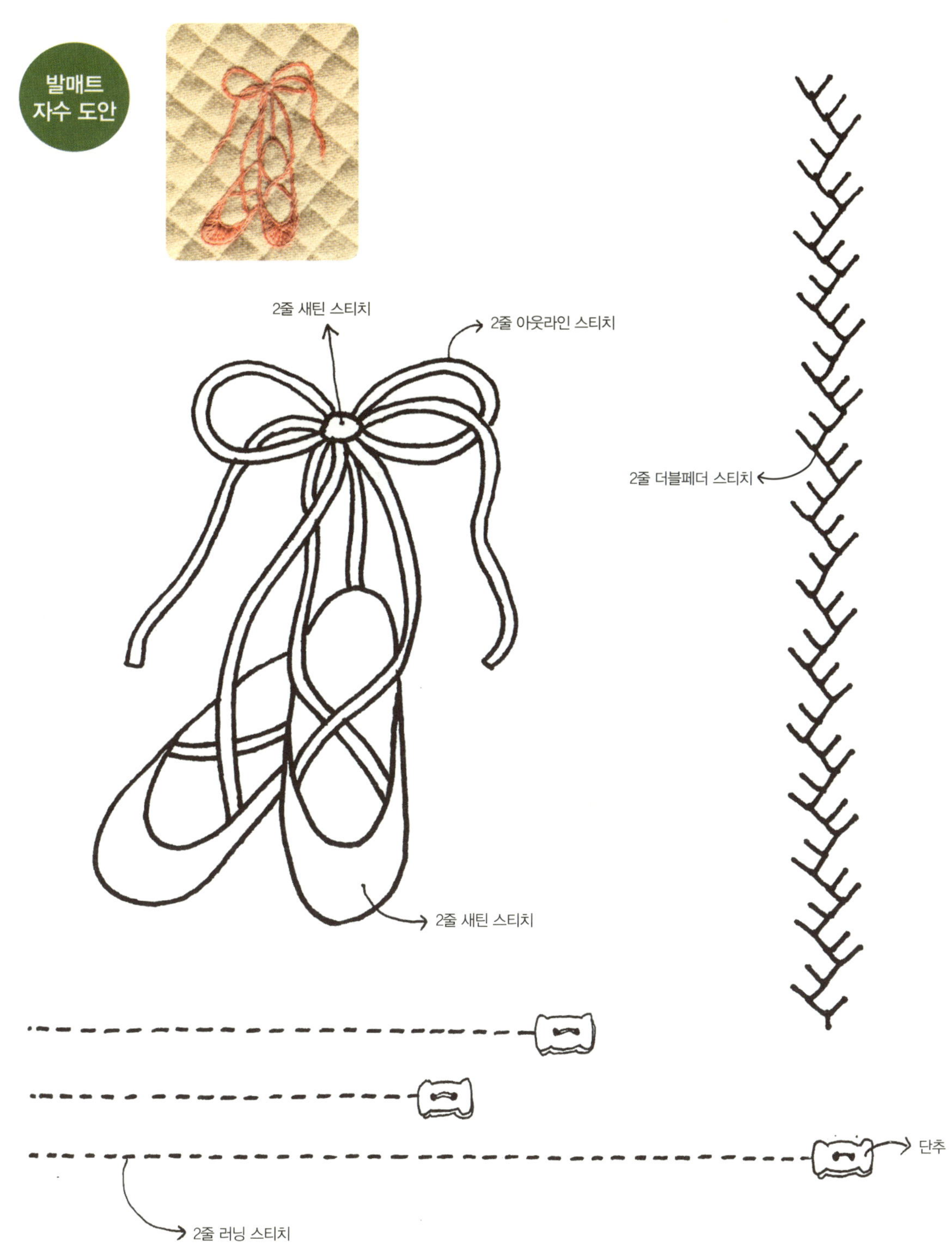

발매트
자수 도안
2줄 새틴 스티치
2줄 아웃라인 스티치
2줄 더블페더 스티치
2줄 새틴 스티치
2줄 러닝 스티치
단추

덧신

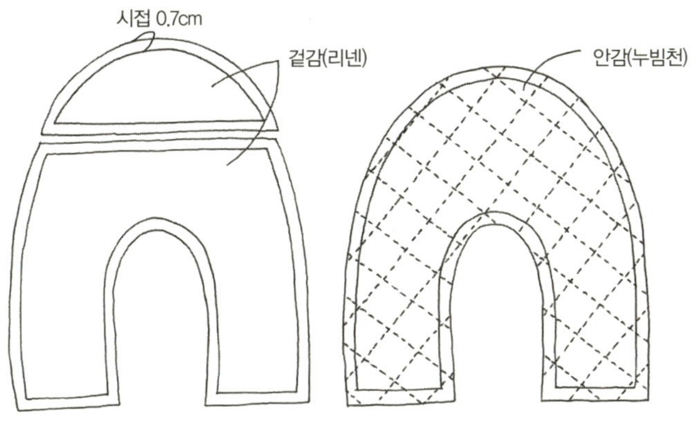

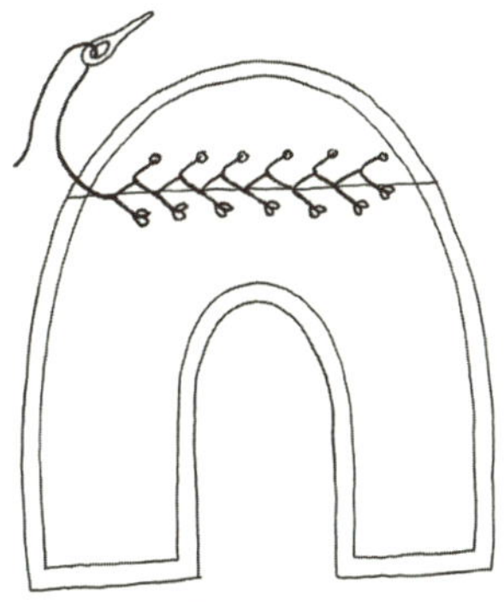

1 겉감은 리넨으로, 안감은 누빔천으로 준비해 한 켤레가 되도록 각각 2장씩 재단해놓는다(각 시접 0.7cm).

2 따로 재단된 덧신 겉감을 이은 후, 그 위에 수를 놓는다.

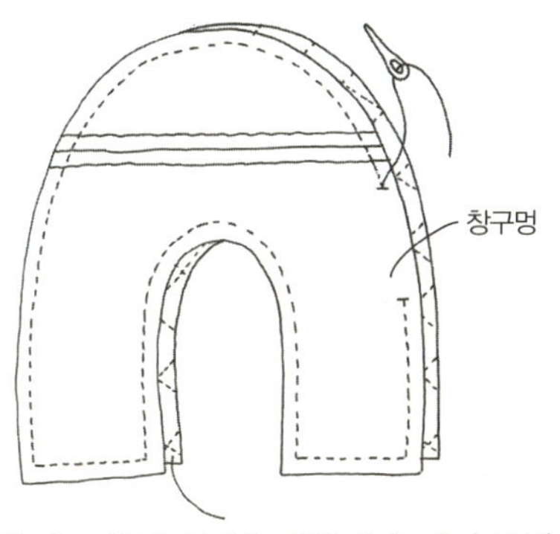

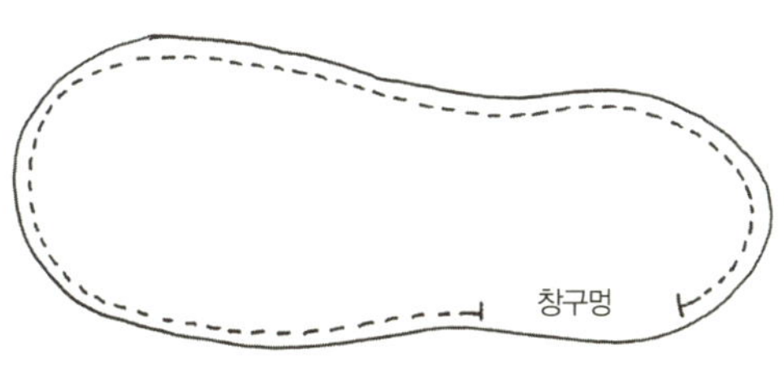

3 그림과 같이 덧신의 측면을 창구멍을 남기고 박아준다. 창구멍으로 뒤집은 후 공그르기로 막아준다.

4 바닥면도 창구멍을 남기고 꿰맨 후, 뒤집어 공그르기로 막아준다.

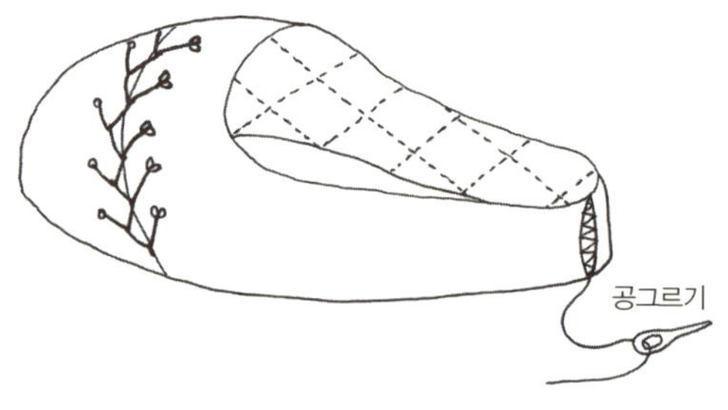

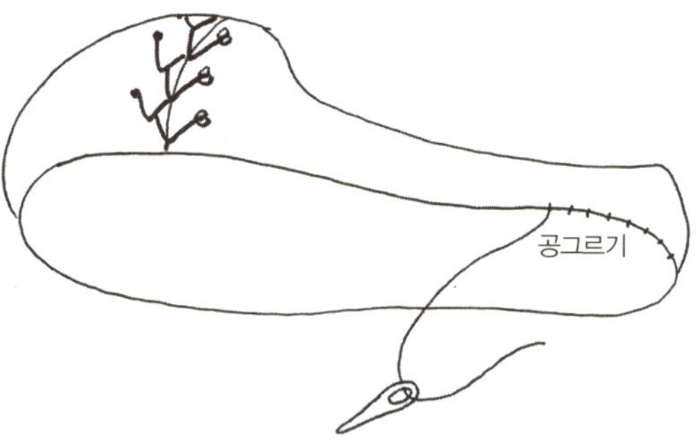

5 덧신의 뒤 중심을 공그르기로 이어준다. 이때 겉쪽에서 한 번, 안쪽에서 한 번 모두 두 번을 공그르기해줘야 튼튼하다.

6 측면과 바닥면의 앞 중심과 뒤 중심을 잘 맞춘 후 공그르기로 이어 붙인다. 튼튼하게 겉쪽에서 한 번, 안쪽에서 한 번, 모두 두 번의 공그르기를 해준다.

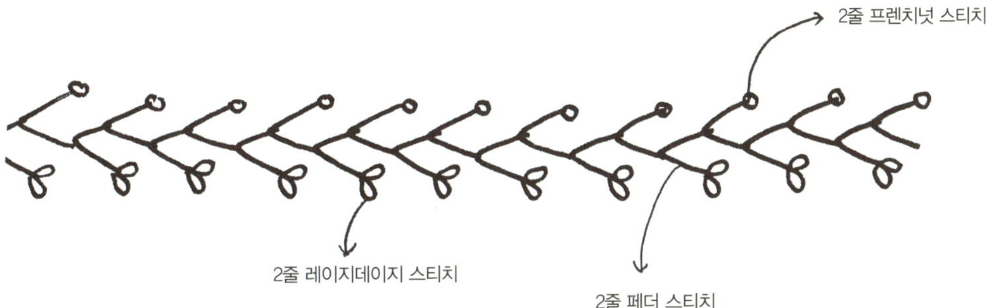
2줄 프렌치넛 스티치
2줄 레이지데이지 스티치
2줄 페더 스티치

쿠션

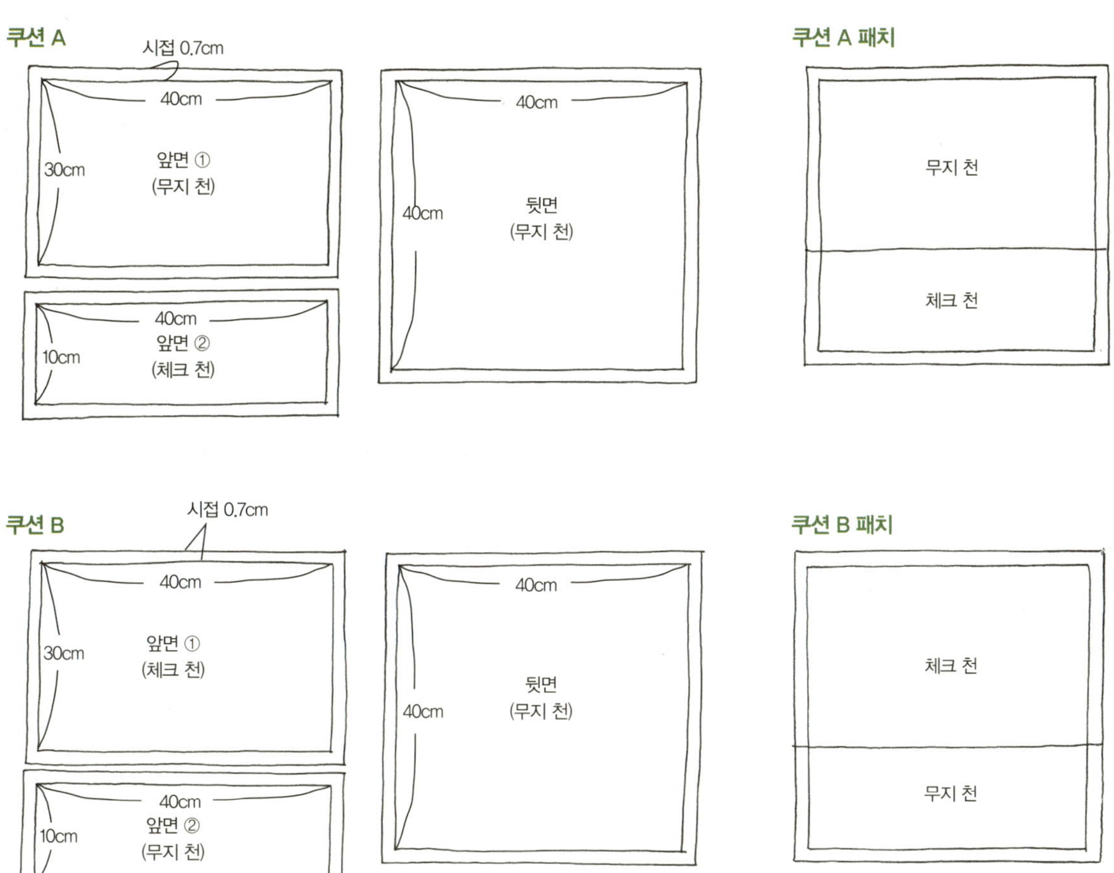

1 쿠션을 A, B 두 가지 방법으로 재단한다(각 시접 0.7cm).

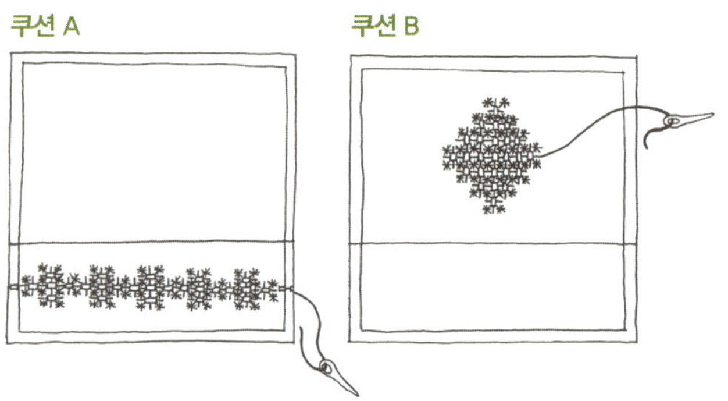

2 체크 천 위에 각각의 수를 놓는다.

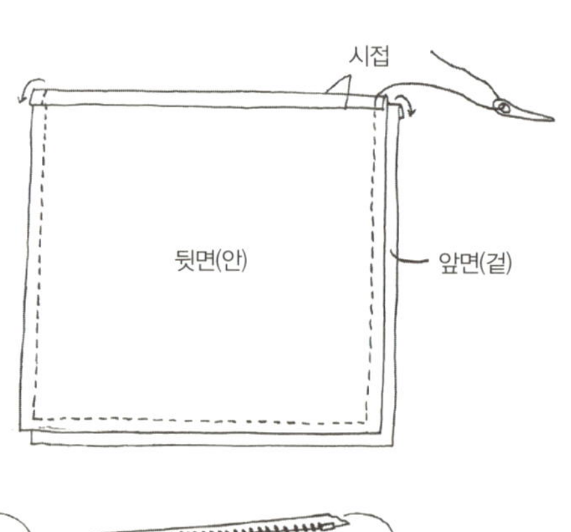

3 앞면과 뒷면을 겉감끼리 서로 마주보게 놓은 후 둘레를 꿰맨다. 그리고 한쪽에 콘솔지퍼를 달아 완성한다.

쿠션
자수 도안

Friends

바느질 친구들을 소개합니다

손바느질의 매력은 참으로 많지만

그 중 가장 큰 매력은 소박함이 아닌가 싶어요.

삐뚤빼뚤한 바늘땀이 오히려 자연스러워 보이고,

투박하다 못해 살짝 촌스러워 보여야만

왠지 더 정겹게 느껴지는 손바느질!.

그래서일까요?

남편과 아들아이가 저 몰래 수선 집에 가는 이유 말입니다.

바늘집

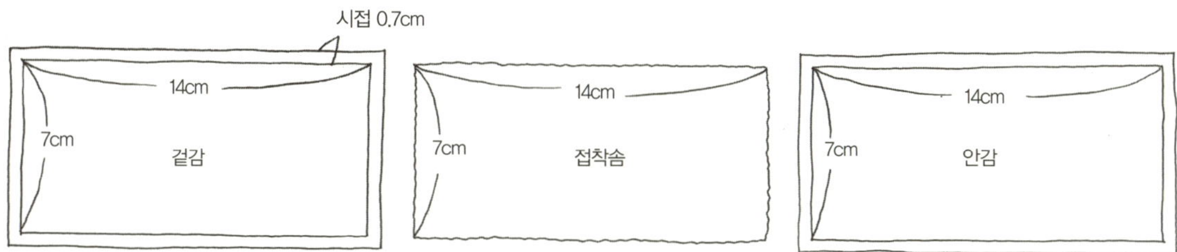

1 겉감, 안감, 접착솜(3온스)을 각각 14×14cm로 재단한다. 겉감, 안감은 시접을 사방 0.7cm를 주고, 접착솜은 시접을 주지 않는다.

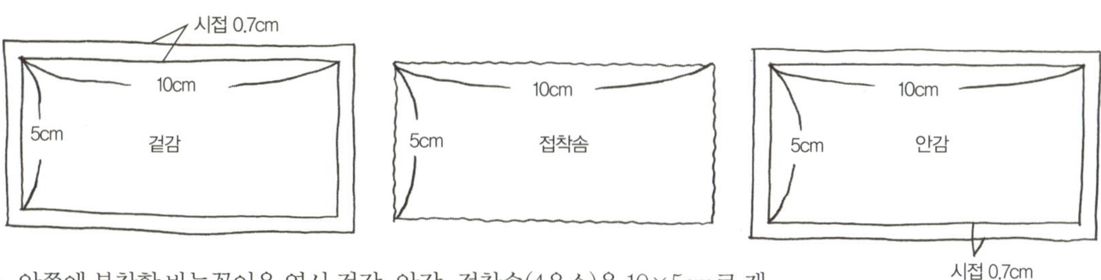

2 안쪽에 부착할 바늘꽂이용 역시 겉감, 안감, 접착솜(4온스)을 10×5cm로 재단한다. 역시 겉감, 안감은 시접을 사방 0.7cm를 주고, 접착솜은 시접을 주지 않는다.

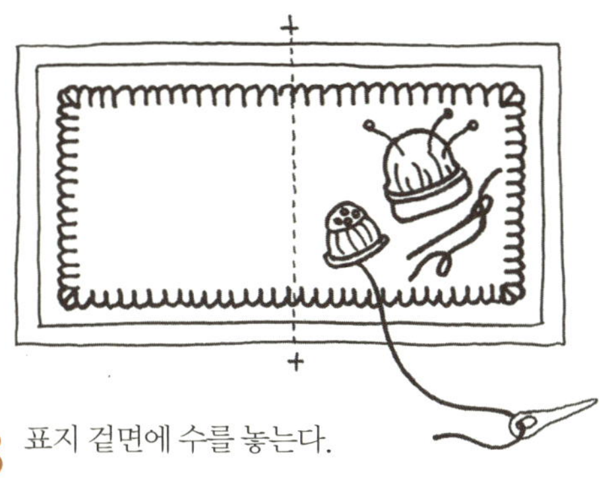

3 표지 겉면에 수를 놓는다.

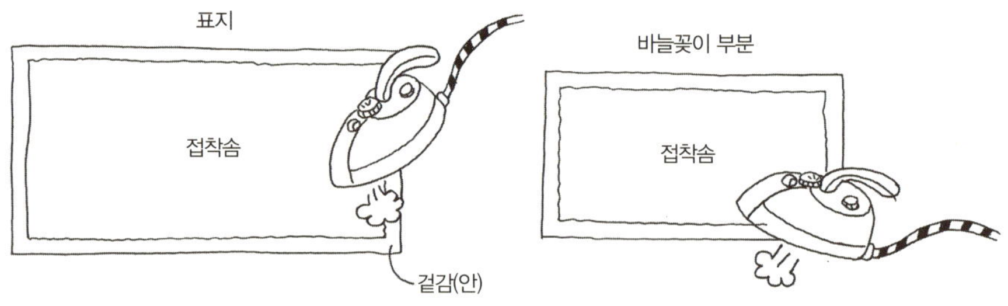

4 다리미로 접착솜을 겉감에 붙여준다.(단, 다리미와 접착솜이 직접 닿지 않게
주의. 사이에 다른 천을 대고 다림질.)

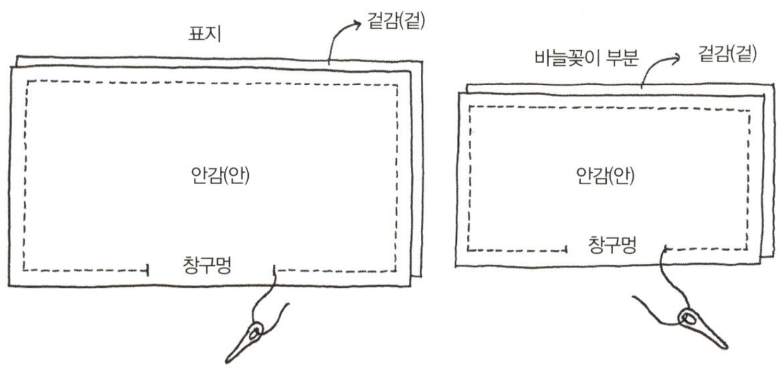

5 겉감과 안감을 겉면끼리 마주 댄 상태에서 창구멍을
남기고 완성선을 따라 박음질한다.

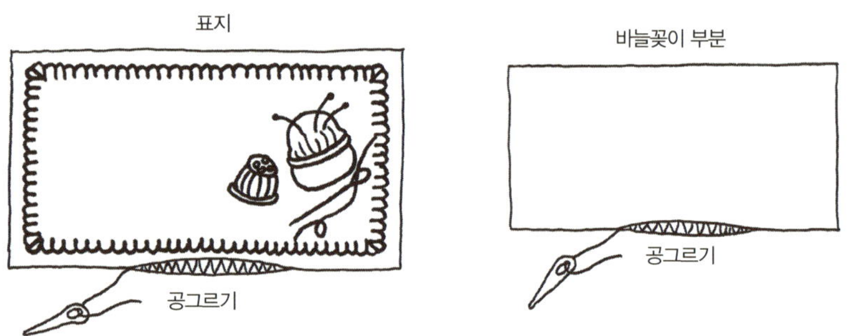

6 창구멍을 통해 뒤집은 후 공그르기로 막아준다.

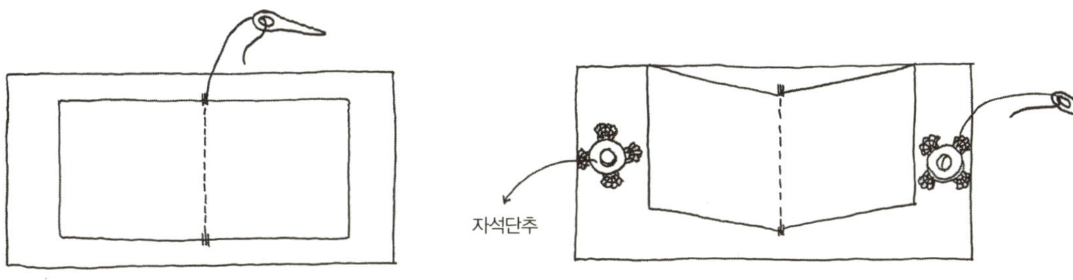

7 표지 안쪽에 바늘꽂이 부분을 올려놓고, 중앙을 홈질로 꿰매준다.

8 양 옆에 자석단추를 달아준다.

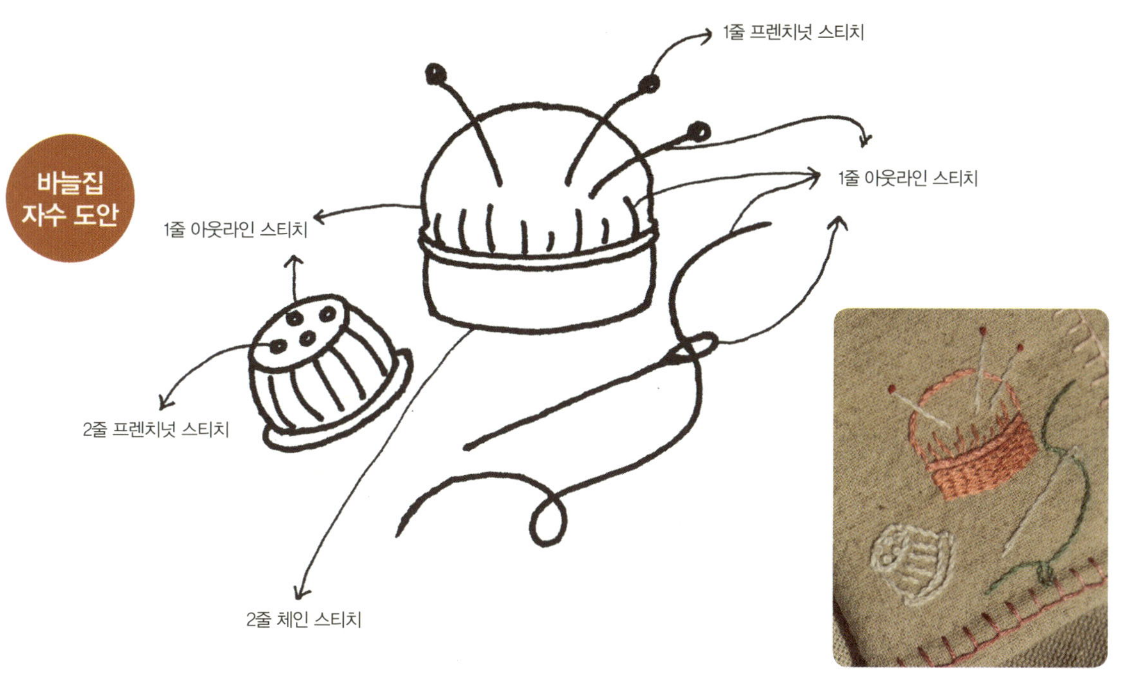

가위집

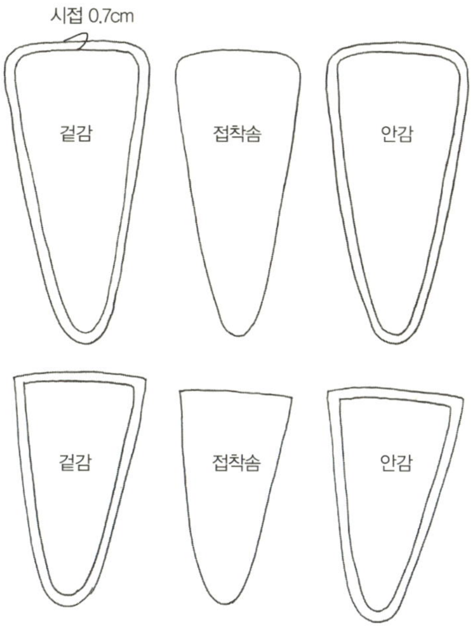

1 뒤판(겉감, 안감, 접착솜)과 앞판(겉감, 안감, 접착솜)
을 가지고 있는 가위가 들어갈 사이즈에 맞게 재단한
다(각 시접 0.7cm).

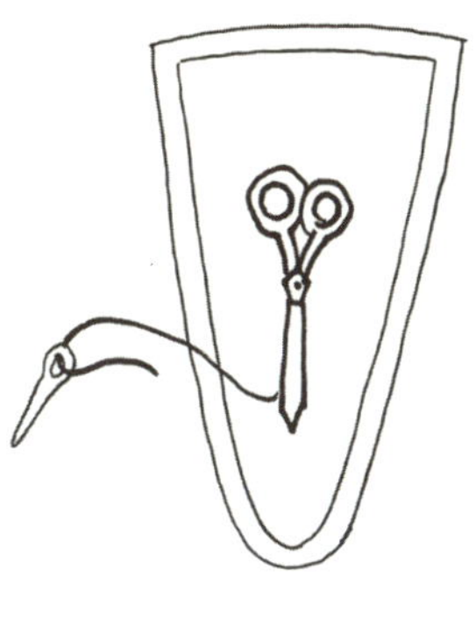

2 앞판에 수를 놓는다.

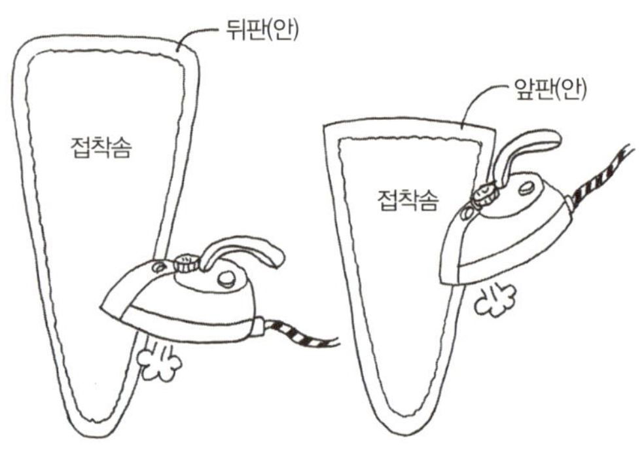

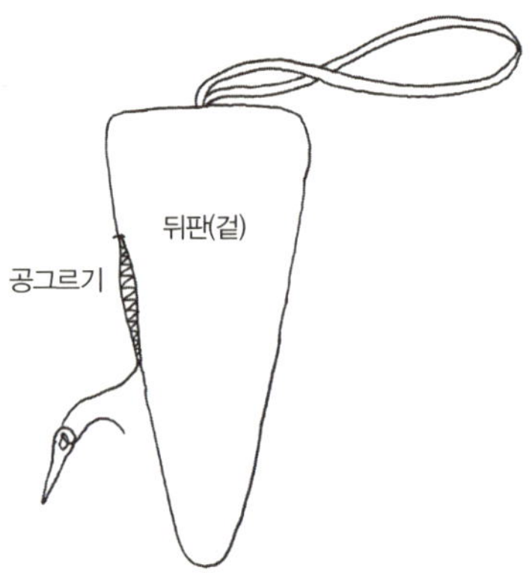

3 뒤판과 앞판에 각각 접착솜을 붙여준다.

4 뒤판을 겉면끼리 마주 대고 윗부분에 끈을 끼운 후 창구멍을 남기고 완성선대로 박음질한다. 창구멍으로 뒤집은 후 공그르기로 막아준다.

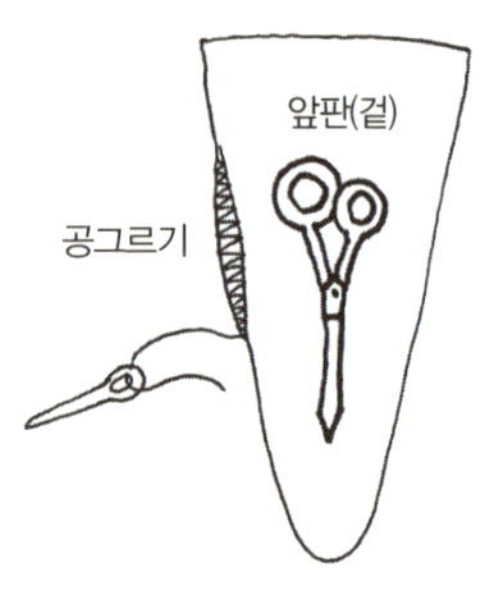

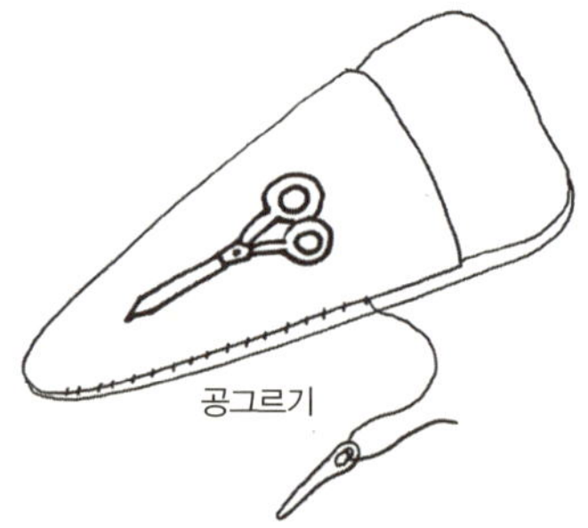

5 앞판도 똑같은 방법으로 만들어준다.

6 앞판과 뒤판을 공그르기로 연결해준다.

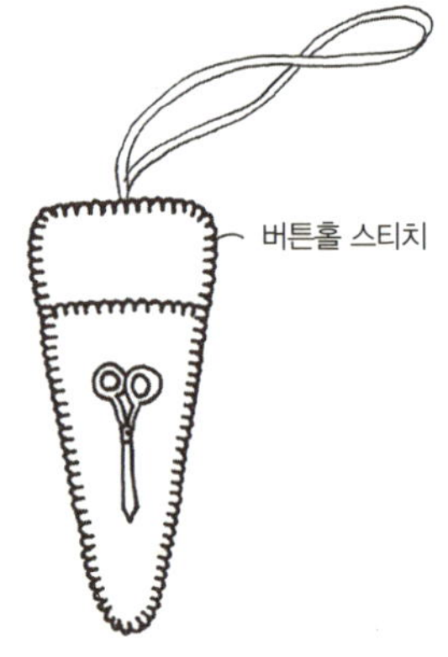

7 연결된 앞판과 뒤판의 둘레는 버튼홀 스티치를 해준다.

가위집
자수 도안

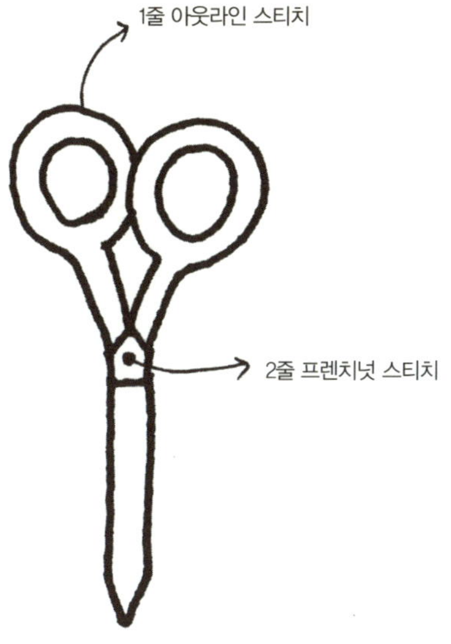
1줄 아웃라인 스티치
2줄 프렌치넛 스티치

Friends
비스꼬뉘

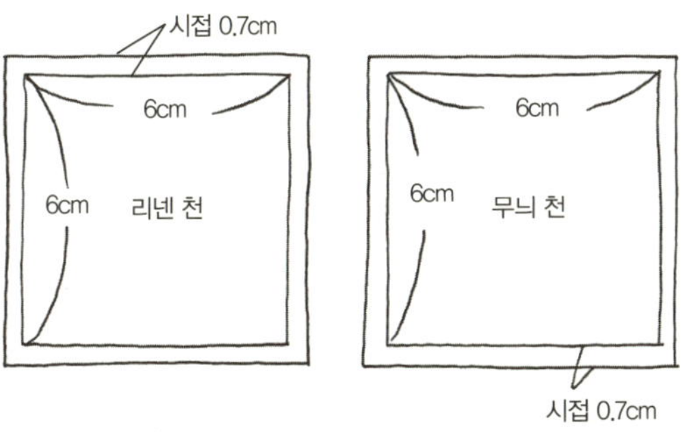

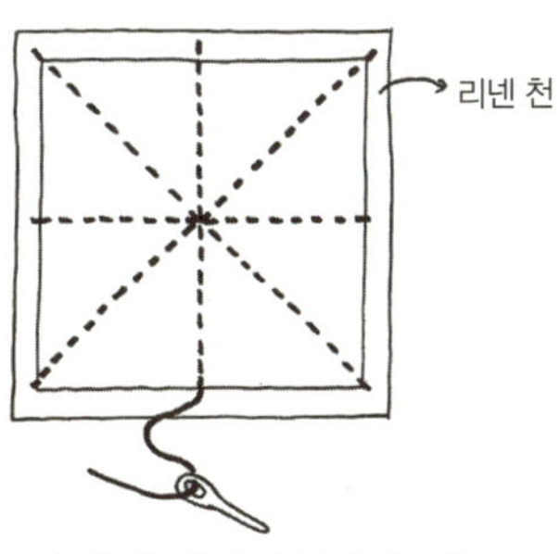

1 리넨 천과 무늬 천을 각각 6×6cm 크기로 재단한다 (시접은 사방 0.7cm).

2 리넨 천 위에 수를 놓는다.

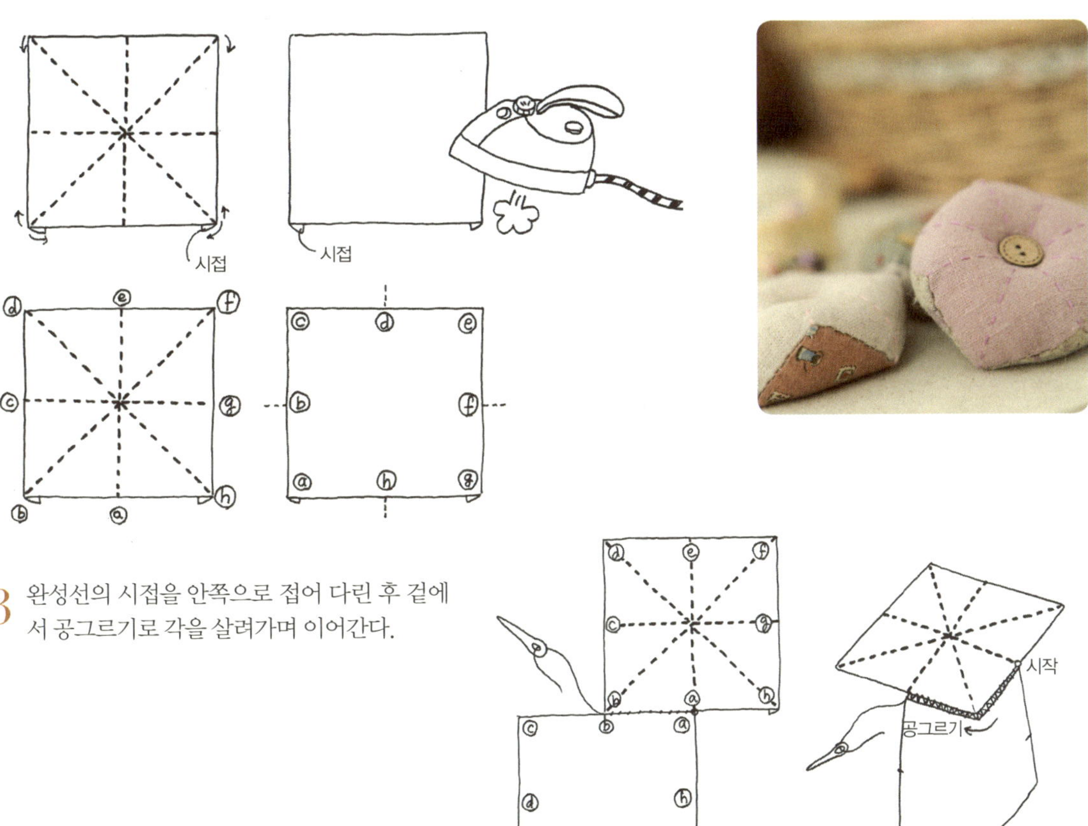

3 완성선의 시접을 안쪽으로 접어 다린 후 겉에 서 공그르기로 각을 살려가며 이어간다.

4 한 칸이 남았을 때 솜을 채운 후 공그르기로 막아준다.

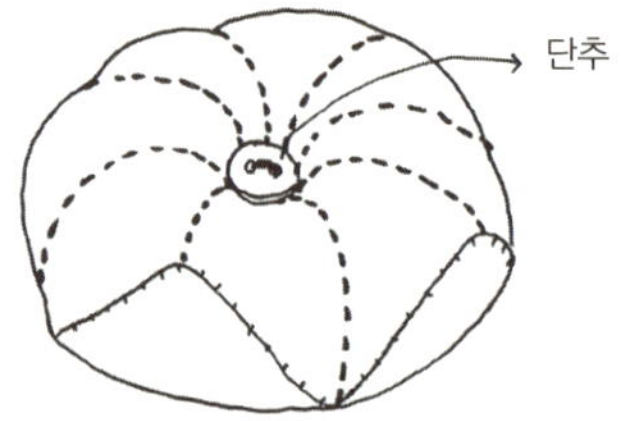

5 정중앙에 단추를 놓고 앞뒤로 통과시켜 달아준다.

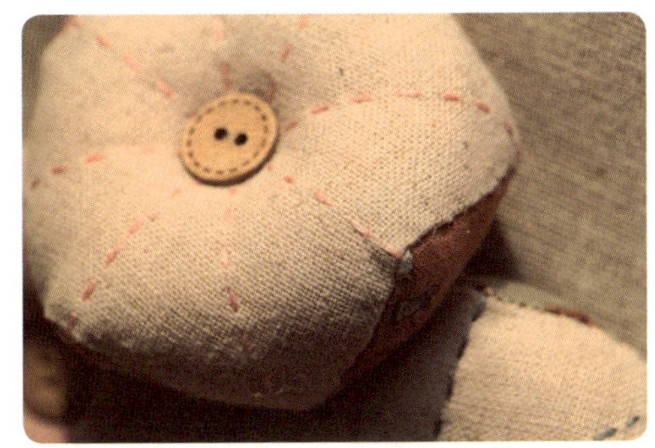

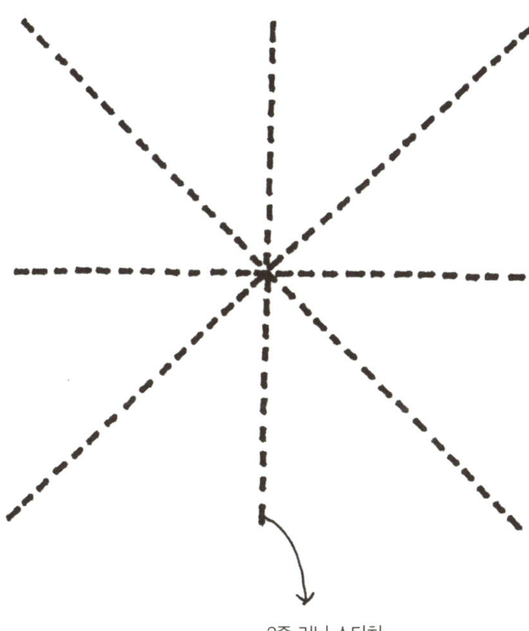

2줄 러닝 스티치

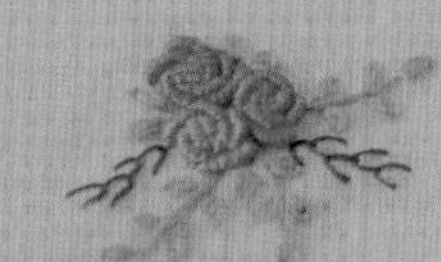

Save the Earth

지구를 부탁해!

다른 사람의 물건을 빌려 썼다면 어떻게 하시나요?

깨끗이 쓰고 고맙게 돌려줘야겠죠.

우리도 후손들에게서 지구를 빌려 쓰고 있는 거랍니다.

지구를 지키기 위한 작은 약속, 다들 하나씩 해보시는 거 어떨까요?

에코백

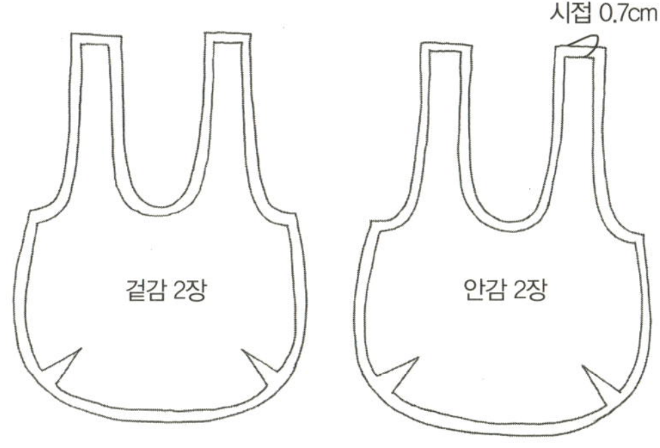

1   가방 본대로 겉감 2장, 안감 2장을 각각 재단한다(각 시접 0.7cm).

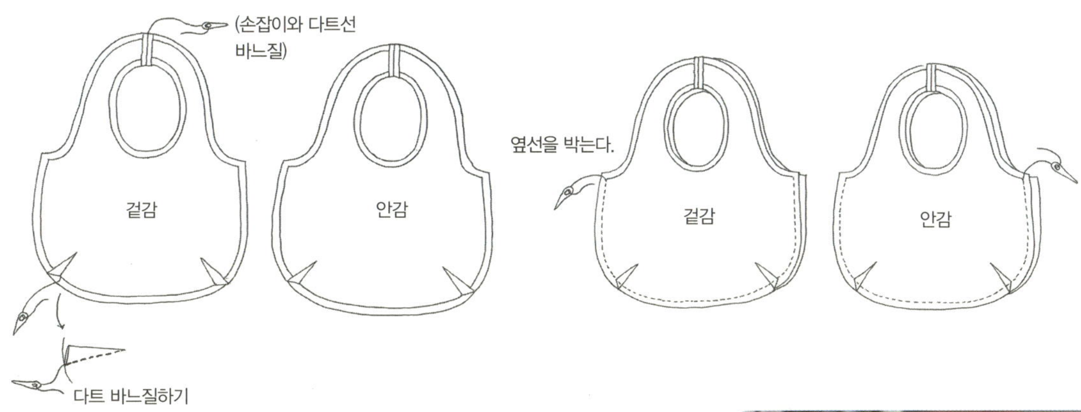

2   겉감은 겉감끼리, 안감은 안감끼리 손잡이와 옆선을 박음질한다.

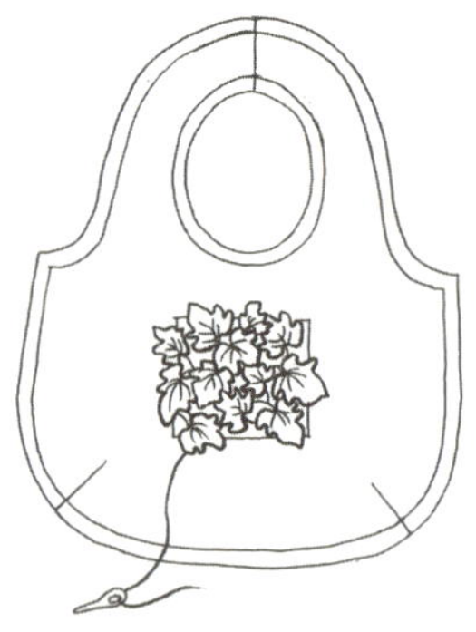

3 겉감 부분에 수를 놓는다.

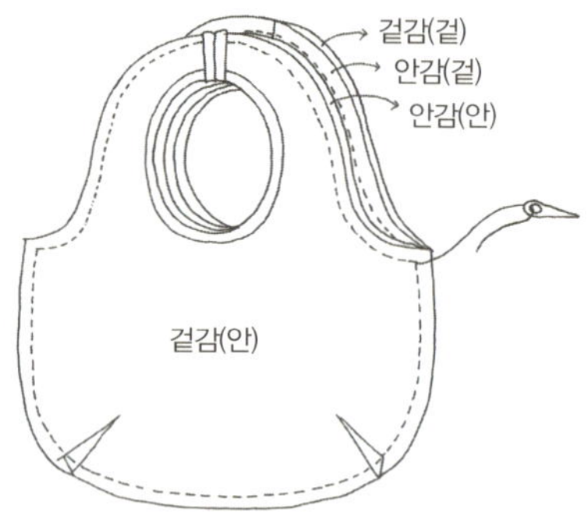

4 겉감과 안감의 겉면끼리 맞닿도록 한 후 둘레를 박아 준다.

5 곡선 부분에 가위집을 준 후 아직 박음질하지 않은 부분으로 뒤집는다.

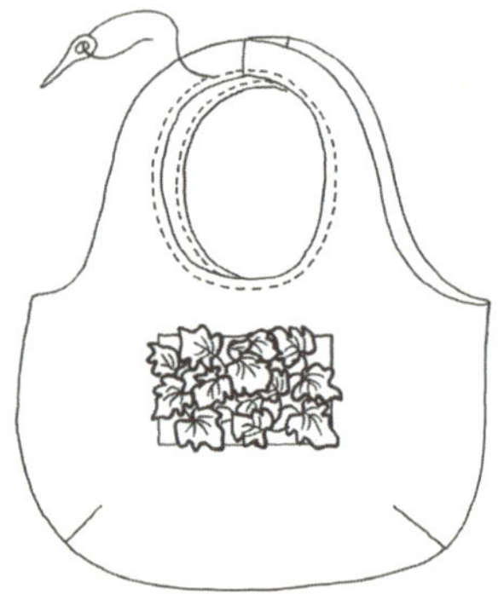

6 곡선 부분의 시접을 안으로 접어넣고 겉에서 박음질한다.

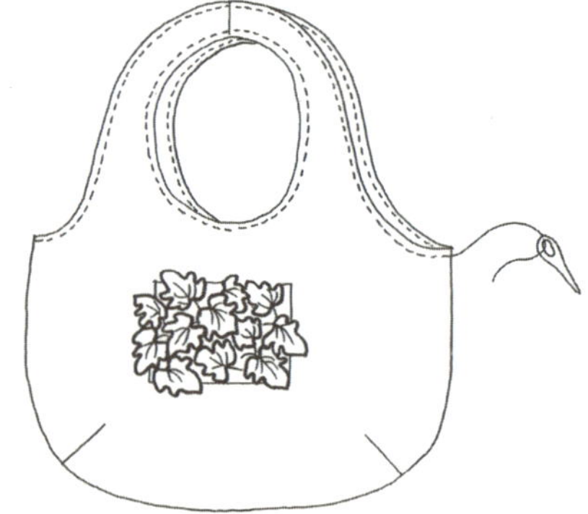

7 둘레를 겉에서 한 번 더 박음질해준다.

에코백
자수 도안
2줄 체인 스티치
2줄 아웃라인 스티치

1 전사펜으로 도안을 그린다.

2 패브릭펜을 이용해 색을 칠한다.

3 다리미로 고온에서 다려주면 세탁해도 물이 빠지지 않는다.

4 수를 놓는다.

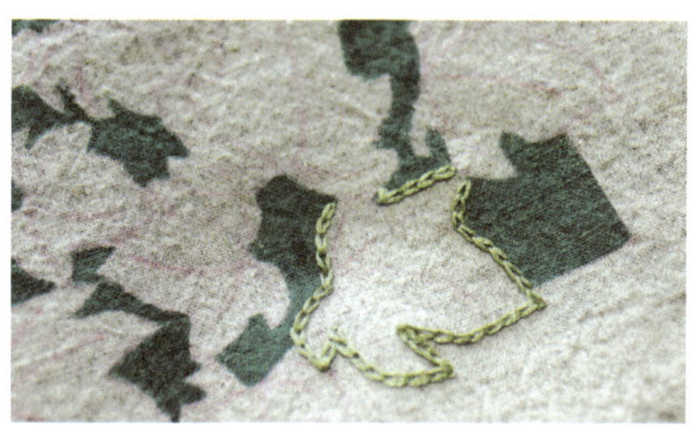

손수건

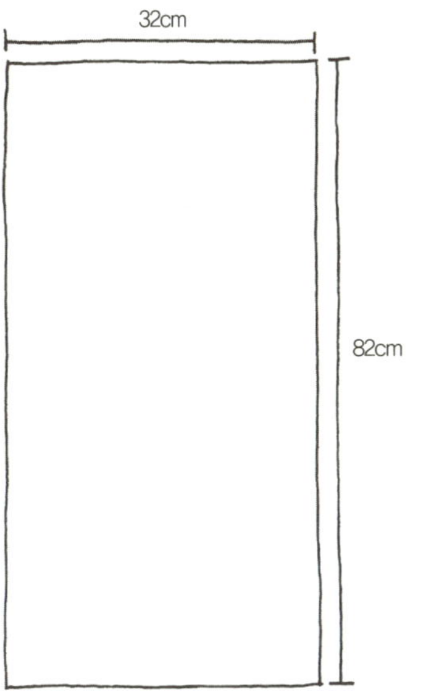

1 소창을 32×82cm(시접 포함)로 자른다.

2 적당한 위치에 수를 놓는다.

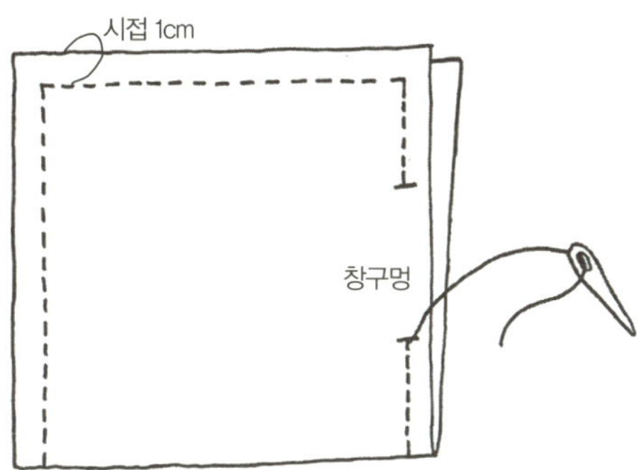

3 시접은 사방 1cm를 주고 가로로 반을 접어 창구멍을
   남긴 3면을 모두 박아준다.

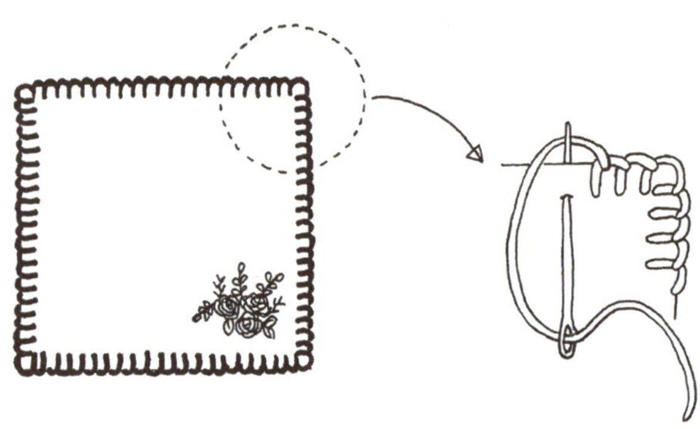

₄ 창구멍으로 뒤집은 후 간단한 코바늘뜨기나 블랭킷
스티치로 둘레를 장식해준다.

손수건
자수 도안

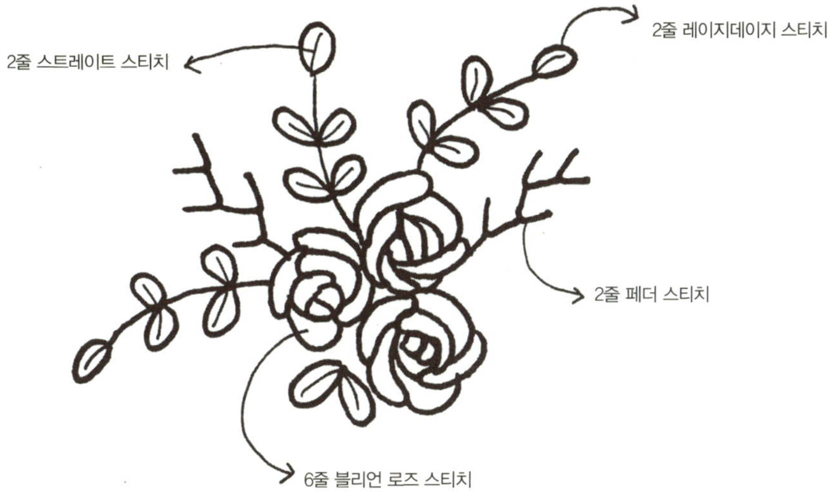

2줄 스트레이트 스티치
2줄 레이지데이지 스티치
2줄 페더 스티치
6줄 블리언 로즈 스티치

컵 슬리브

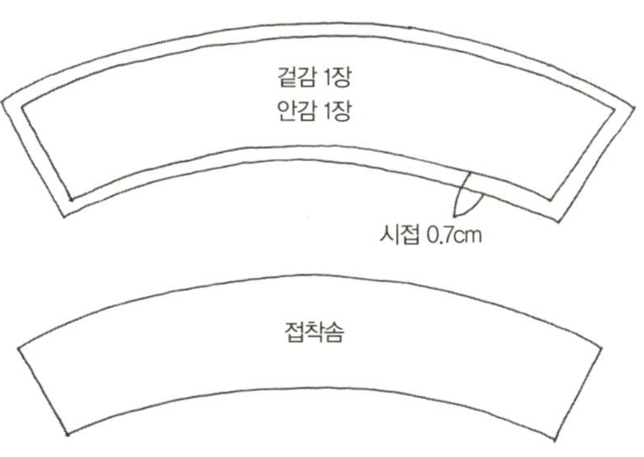

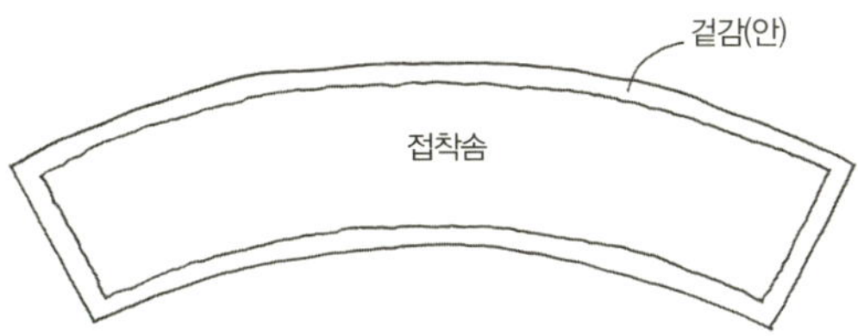

1 도안대로 겉감, 안감, 접착솜을 재단한다. 겉감, 안감
은 시접을 0.7cm를 주고, 접착솜은 시접 없이 재단한
다.

2 겉감에 수를 놓은 후, 겉감 안쪽에 접착솜을 다림질
로 붙여준다.

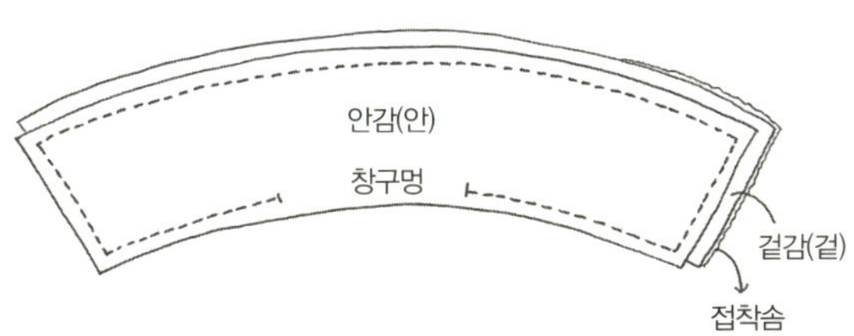

3 겉감과 안감을 서로 겉면이 마주보게 놓은 후 창구멍
을 남기고 완성선대로 박음질한다.

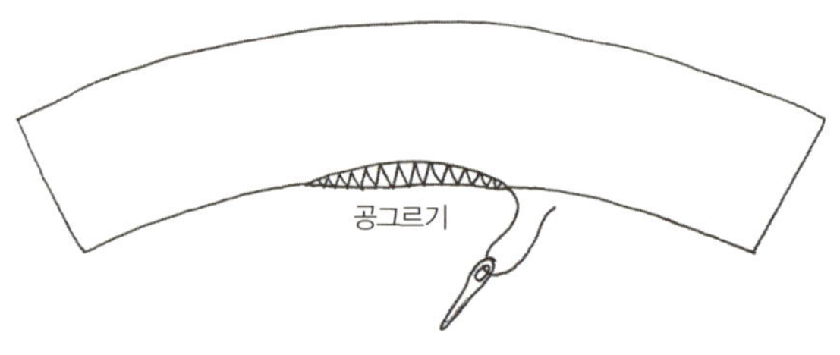

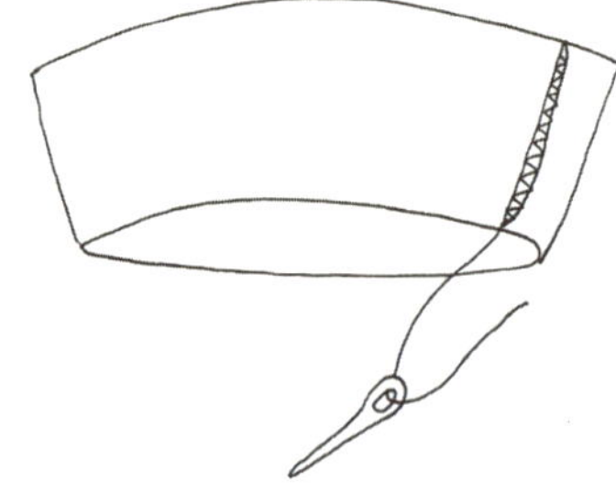

4 창구멍으로 뒤집은 후 공그르기로 막아준다.

5 양쪽 끝부분을 공그르기로 꿰매어 원형으로 만들어 준다.

컵 슬리브
자수 도안1

2줄 백 스티치
Coffee

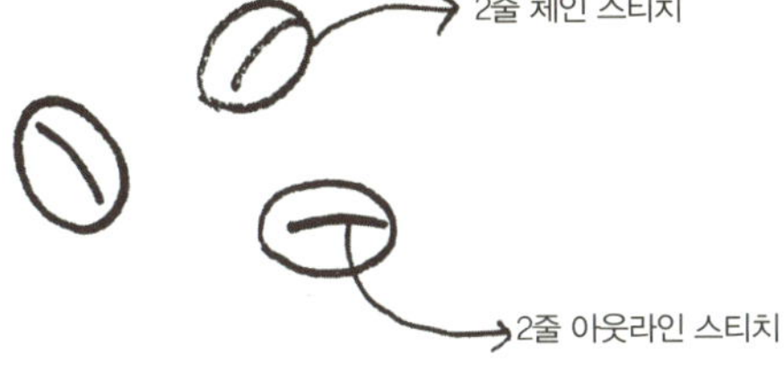

2줄 체인 스티치
2줄 아웃라인 스티치

2줄 체인페더 스티치

컵 슬리브
자수 도안2

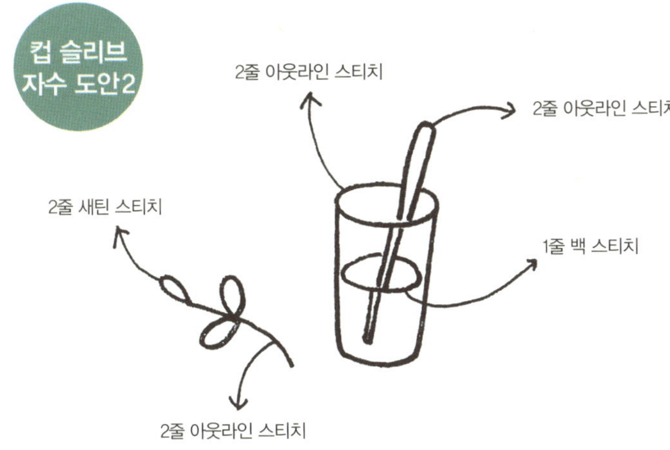

2줄 아웃라인 스티치
2줄 아웃라인 스티치
2줄 새틴 스티치
1줄 백 스티치
2줄 아웃라인 스티치

Travel

이젠 떠나가 볼까!

긴 여행이든 짧은 여행이든
가장 설레는 건 떠나기 전날 짐을 꾸릴 때 같아요.
수십 번 짐을 쌌다 풀었다 해도 행복하기만한 여행가방 싸기.
파우치는 많으면 많을수록 좋겠지요?

반달 파우치

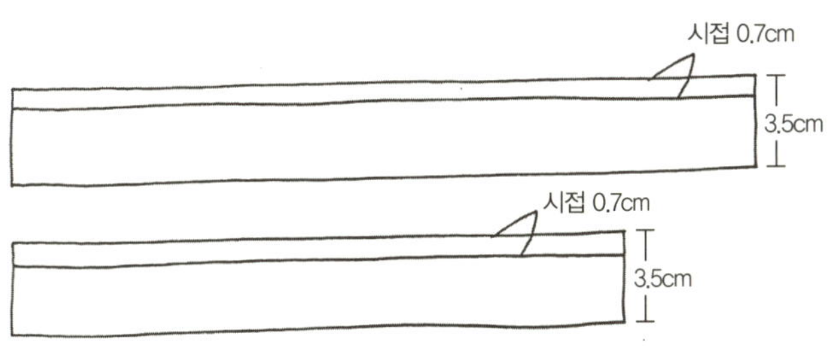

1 세로 3.5cm로 자른 여러 가지 조각 천들을 준비한다
(시접은 0.7cm를 준다).

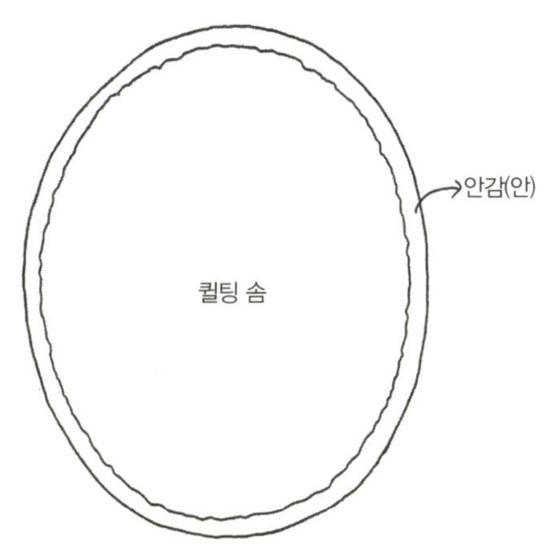

2 안감을 놓고, 그 위에 퀼팅 솜을 올려놓는다.

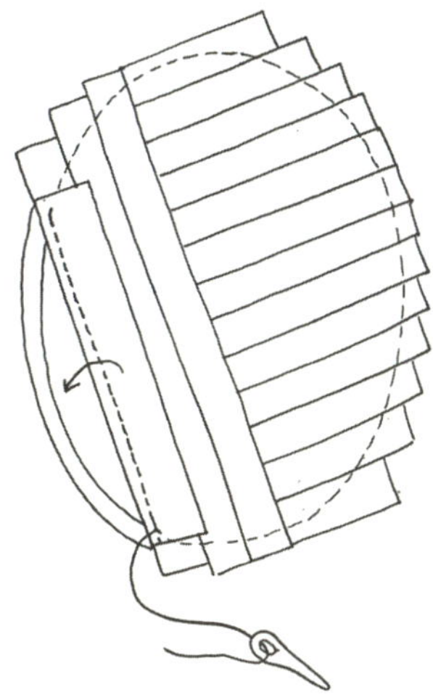

3 프레스 기법을 이용해 겉감, 안감, 퀼팅 솜을 한꺼번
에 패치하며 퀼팅한다.

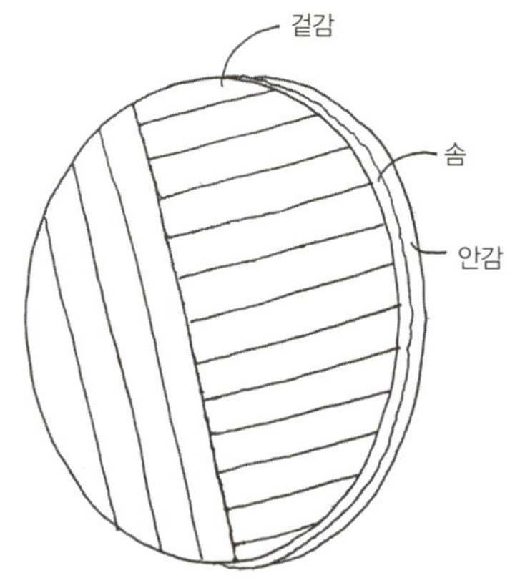

4 도안대로 타원형으로 자른다.

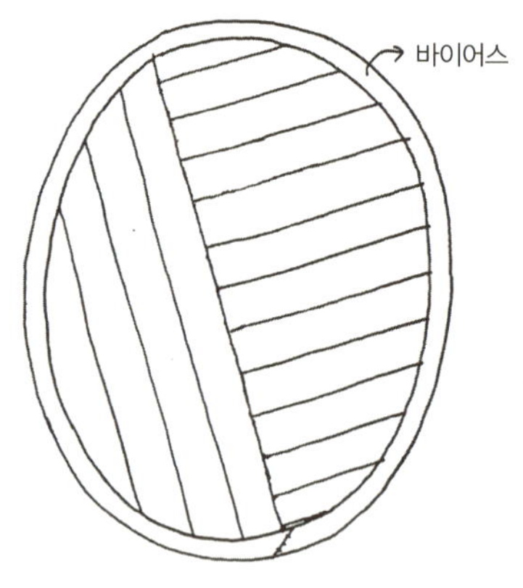

5 둘레를 바이어스로 마감한다.

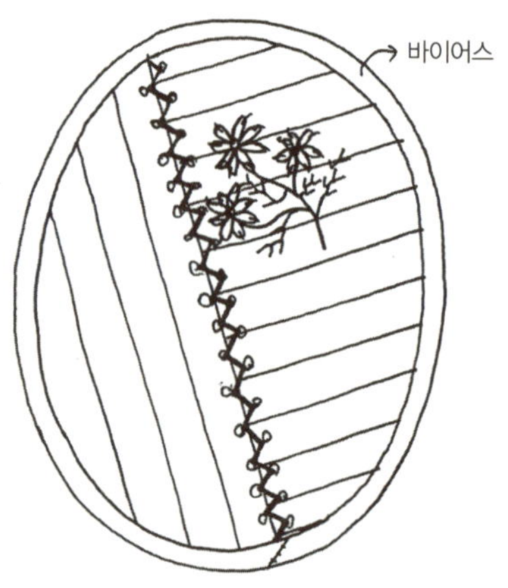

6 수를 놓는다.

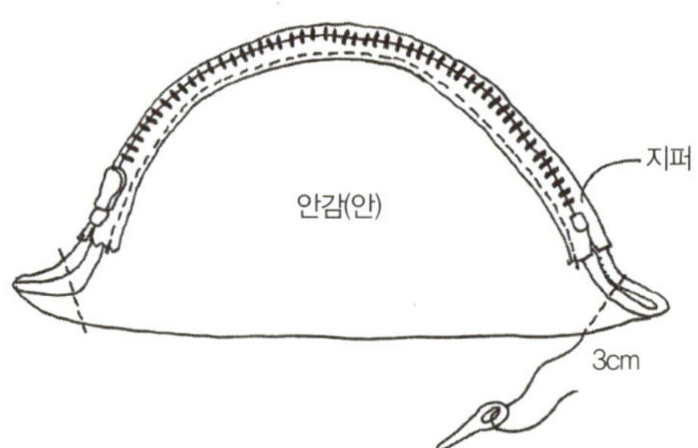

7 지퍼를 달고 바닥을 3cm 정도 잡아준다.

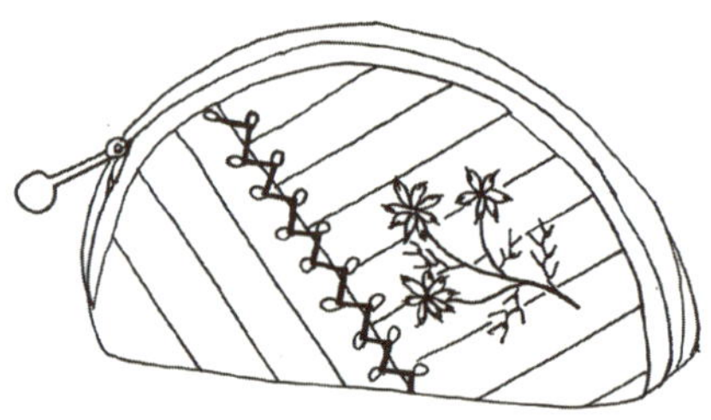

8 뒤집어 모양을 잡아주면 완성

반달 파우치
자수 도안
2줄 레이지데이지 스티치
2줄 페더 스티치
2줄 프렌치넛 스티치
2줄 아웃라인 스티치

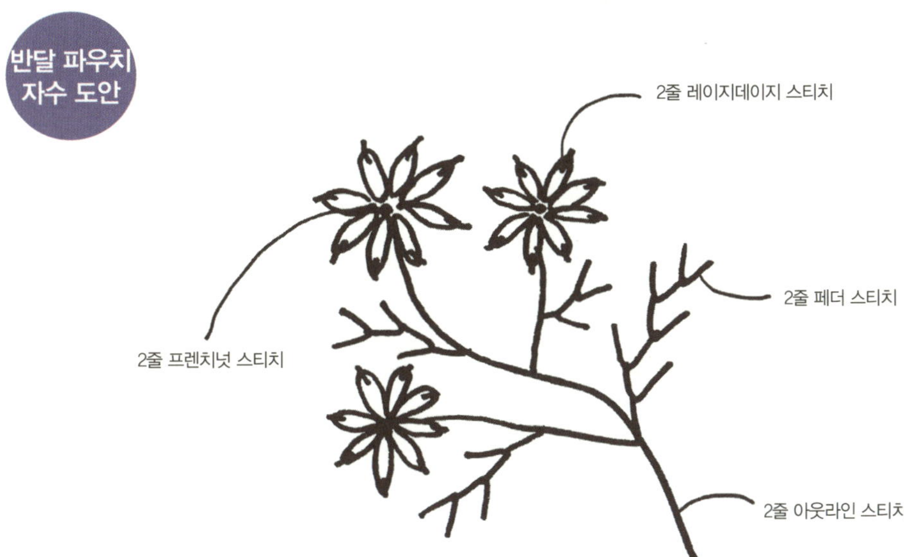

2줄 체인페더 스티치

민들레 스트링 파우치

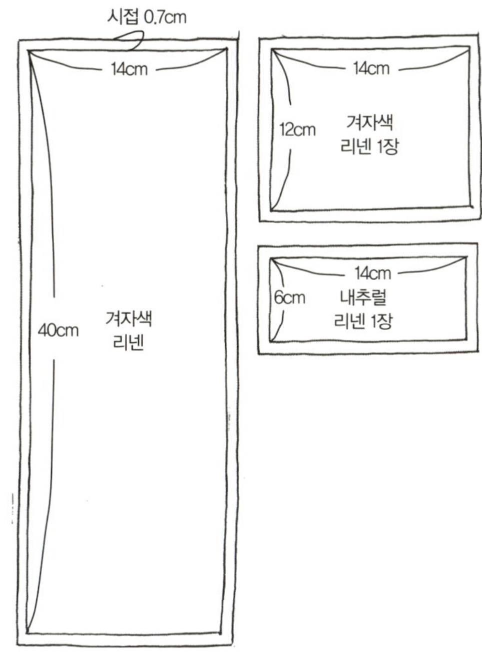

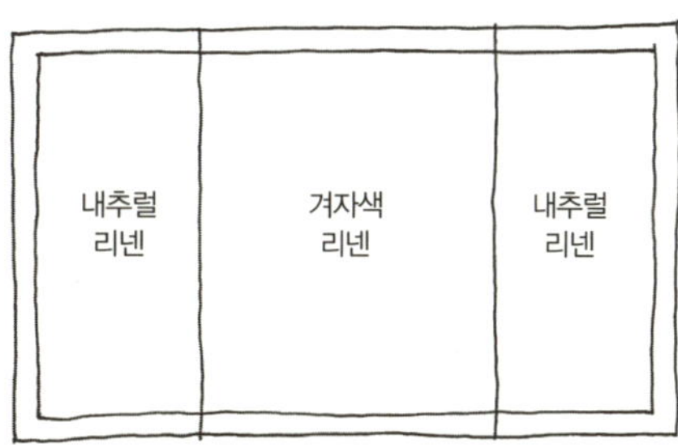

1 그림과 같은 사이즈로 재단한다(각 시접 0.7cm).

2 그림과 같이 연결한 후 내추럴 리넨 천 위에 수를 놓는다.

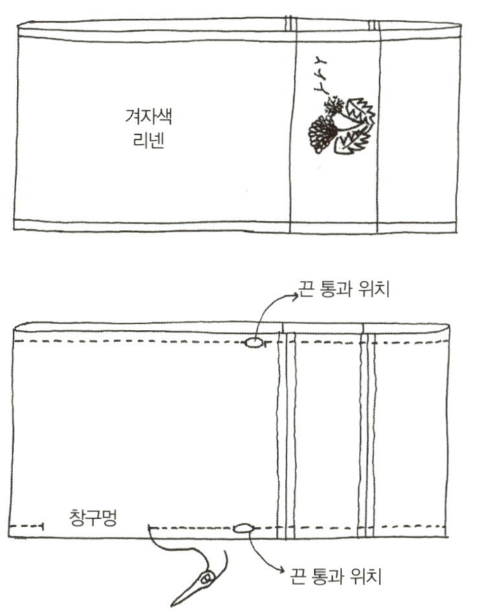

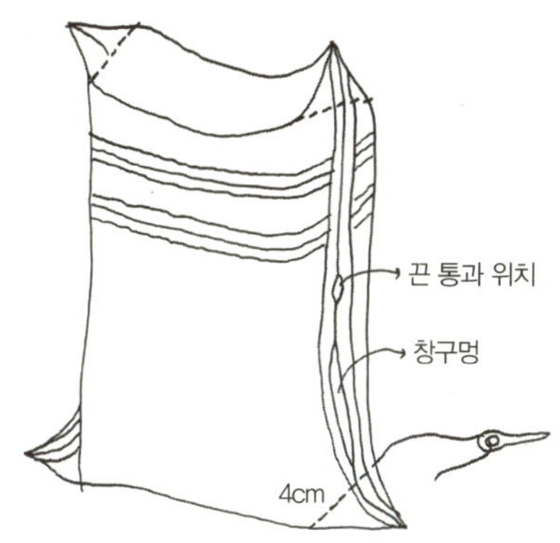

4 안감을 안쪽으로 집어넣은 후 모서리 쪽에서 바닥을 4cm로 잡아 박음질한다.

3 창구멍과 끈이 통과할 부분을 남기고 박음질한다.

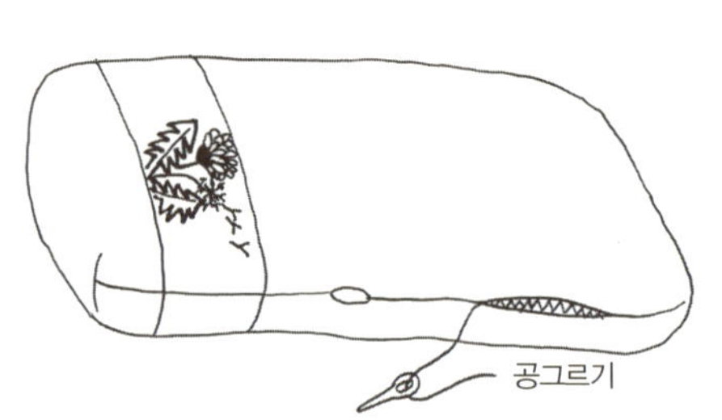

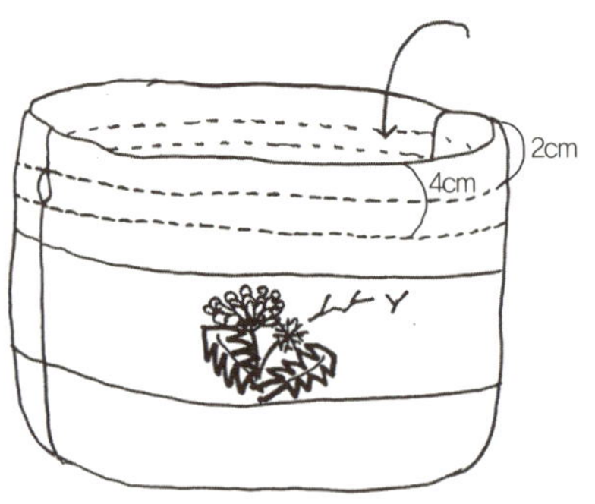

5 창구멍으로 뒤집은 후 공그르기로 막아준다.

6 안으로 접어넣은 후 파우치의 입구에서 2cm 내려온 곳과 4cm 내려온 곳을 박음질해 끈이 통과할 부분을 만들어준다.

7 스트링 끈을 양쪽에서 끼워준다.

민들레
스트링 파우치
자수 도안

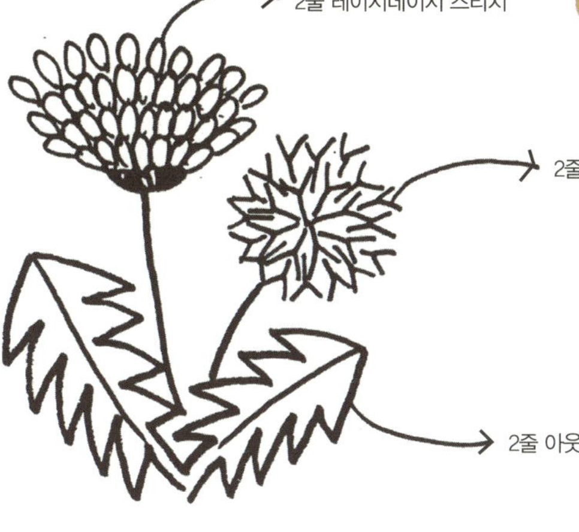

2줄 레이지데이지 스티치
2줄 플라이 스티치
2줄 아웃라인 스티치

2줄 플라이 스티치

라벤더 스트링 파우치

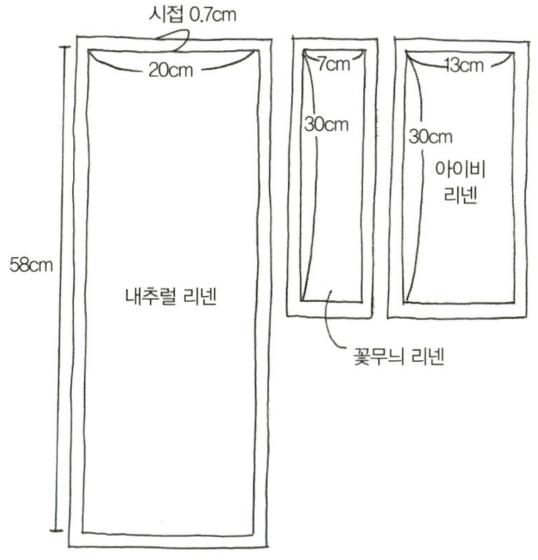

1 천을 그림과 같이 재단한다(각 시접 0.7cm).

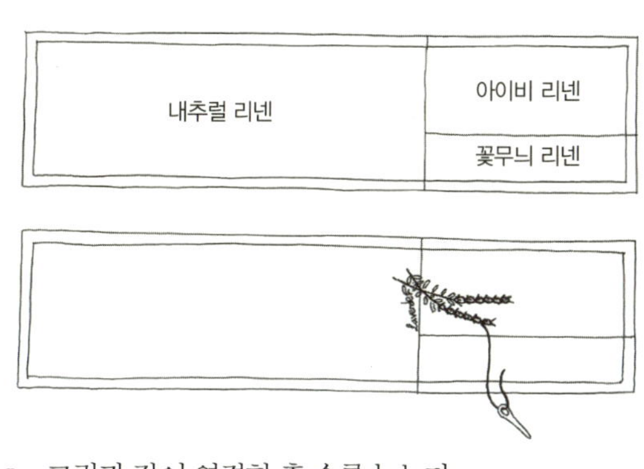

2 그림과 같이 연결한 후 수를 놓는다

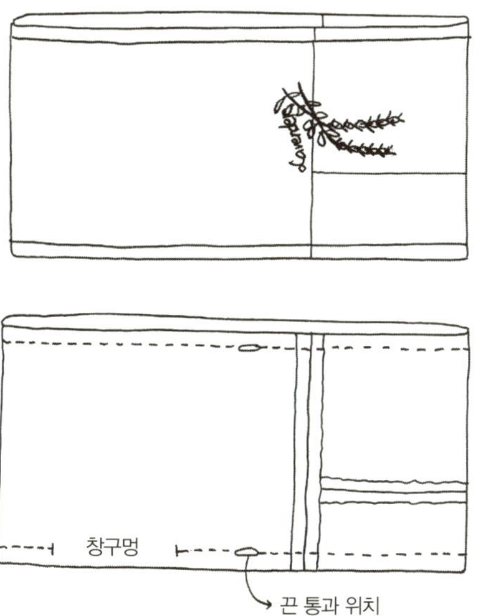

3 창구멍과 끈이 통과할 위치를 남기고 박음질한다.

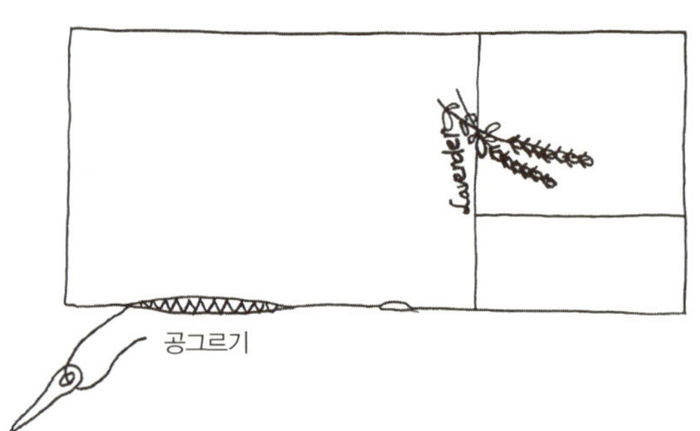

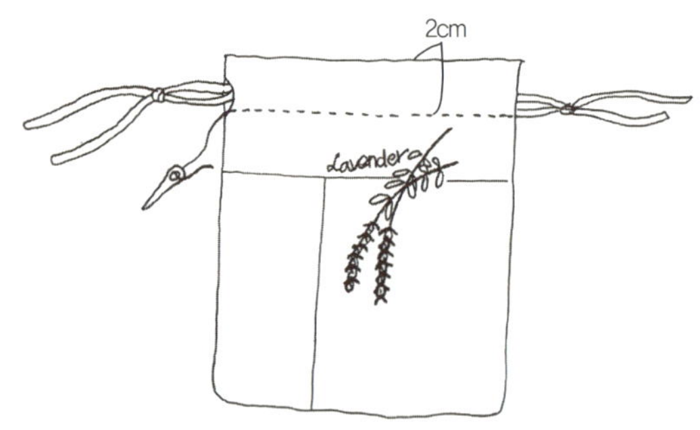

4 창구멍으로 뒤집은 후 공그르기로 창구멍을 막아준
다.

5 안쪽으로 집어넣는다. 그리고 파우치의 입구에서
2cm 내려온 곳을 박음질해준 후 스트링 끈을 양쪽에
서 끼워준다.

라벤더
스트링 파우치
자수 도안

2줄 새틴 스티치
2줄 아웃라인 스티치
2줄 아웃라인 스티치
Lavender
2줄 휘티어 스티치
2줄 프렌치넛 스티치

Gift for me
나를 위한 선물

아이의 책은 비싼 전집도 턱턱 들여놓으면서

언젠가부터 내 책은 도서관에서 빌려 읽기 시작합니다.

하지만 내가 보고 싶은 책은 늘 대출중.

아무 책이나 빌려 돌아오다 서점 앞에서 멈춰섭니다.

나를 위해 꽃을 사고, 나를 위해 책을 사본 게 언제였던가?

오늘 서점에서 내가 보고 싶은 책 한 권을 가슴에 안고 돌아옵니다.

북커버

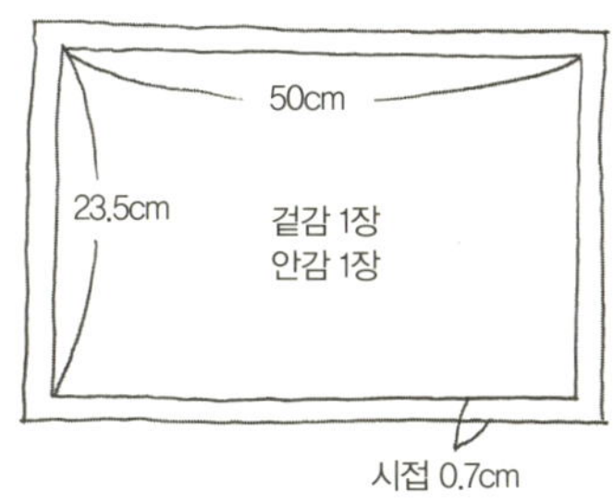

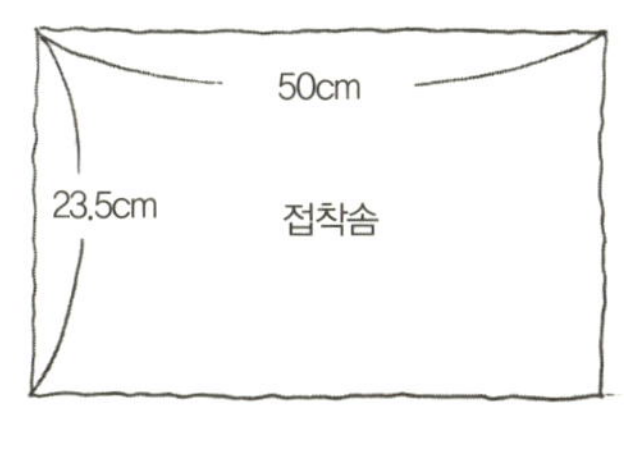

1 겉감과 안감(각 시접 0.7cm), 접착솜을 각각 50×23.5cm로 재단한다.

2 겉감에 패브릭펜으로 색을 칠하고, 다리미로 열처리한 후 수를 놓는다.

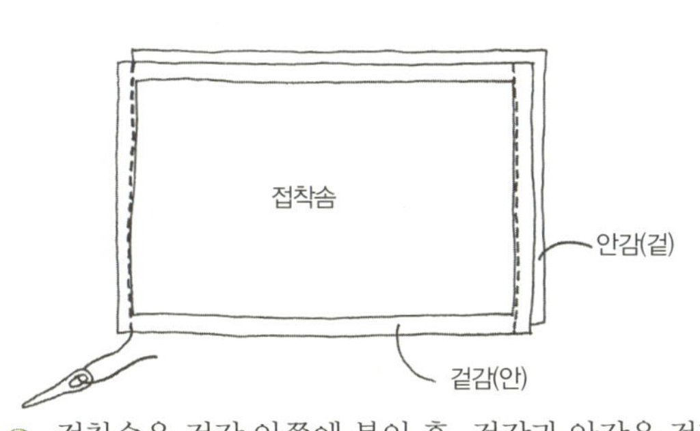

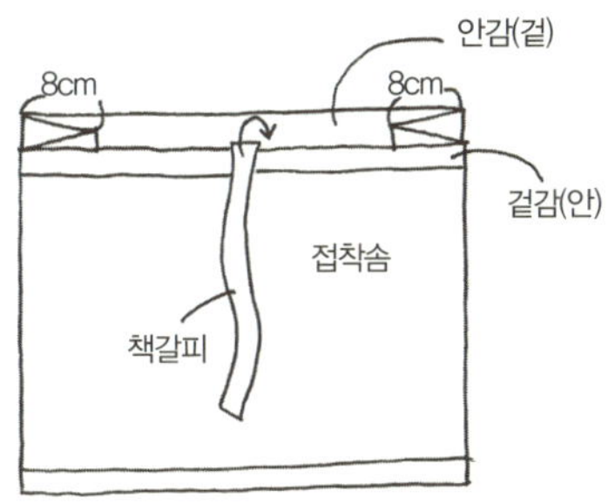

3 접착솜을 겉감 안쪽에 붙인 후, 겉감과 안감을 겉면끼리 마주보게 놓은 후 양 옆선을 박음질한다.

4 그림과 같이 접어준 후 윗선 가운데에 책갈피를 끼운다.

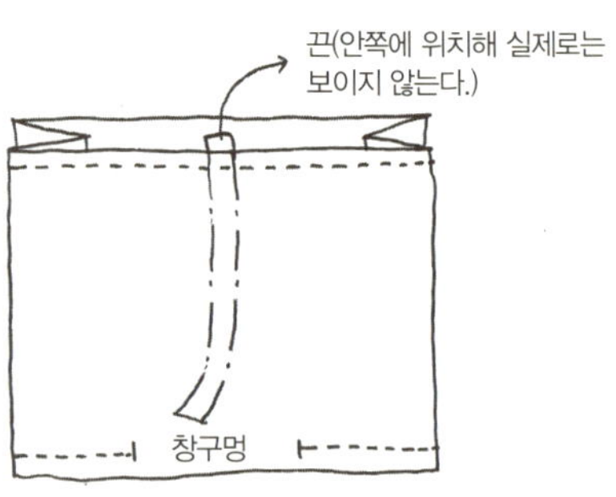

5 아래쪽에 창구멍을 남긴 후 위와 아래를 그림과 같이
박음질한다.

6 창구멍으로 뒤집은 후 공그르기로 막아준다.

북커버
자수 도안
3줄 체인 스티치

Gift
for me
통장지갑
카드지갑

1 통장지갑과 카드지갑은 다음과 같이 재단한다.

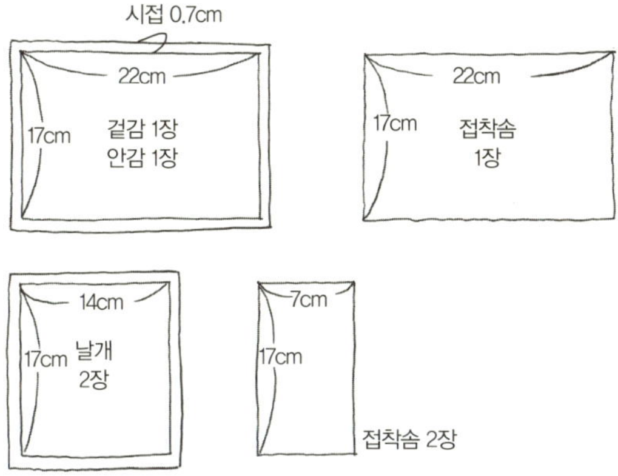

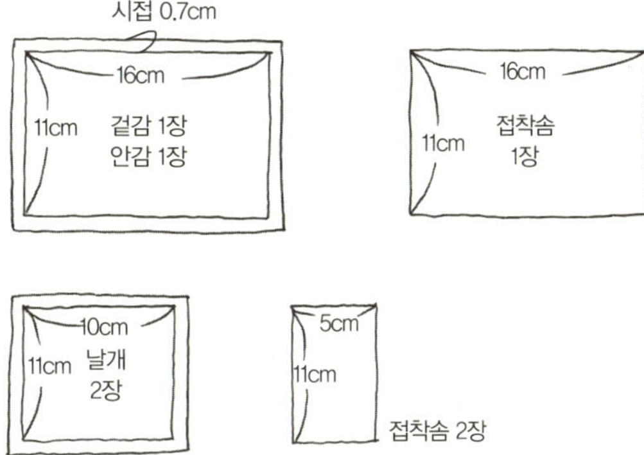

A. 통장지갑

겉감, 안감, 접착솜을 각각 22×17cm로 재단하고, 날개 부분은 14×17cm, 날개 부분 접착솜은 7×17cm로 각각 2장씩 재단한다(각 시접 0.7cm, 접착솜은 시접 없음).

B. 카드지갑

겉감, 안감, 접착솜을 각각 16×11cm로 재단하고, 날개 부분은 10×11cm, 날개 부분 접착솜은 5×11cm로 각각 2장씩 재단한다(각 시접 0.7cm, 접착솜은 시접 없음).

2 겉감 겉면에 수를 놓은 후 겉감 안쪽에 접착솜을 붙인다.(단, 다리미와 접착솜이 직접 닿지 않게 주의. 사이에 다른 천을 대고 다림질.)

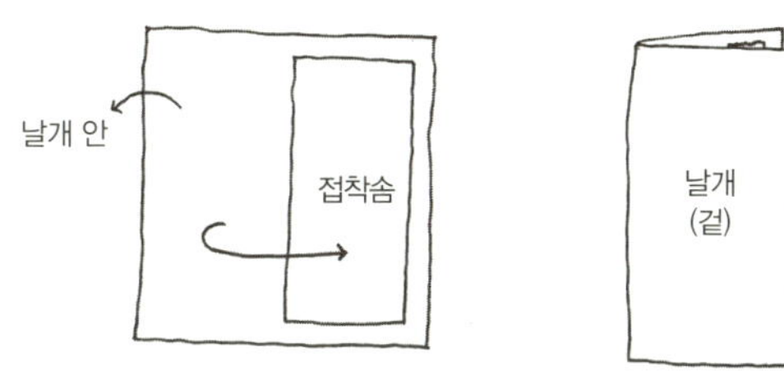

3 날개 부분의 안쪽에 접착솜을 붙인 후 반으로 접는다.

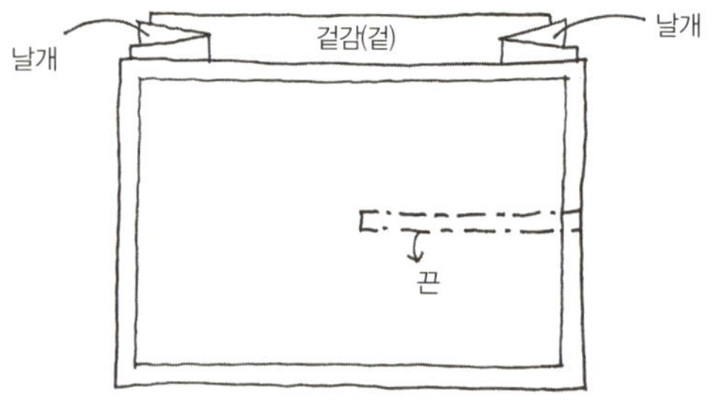

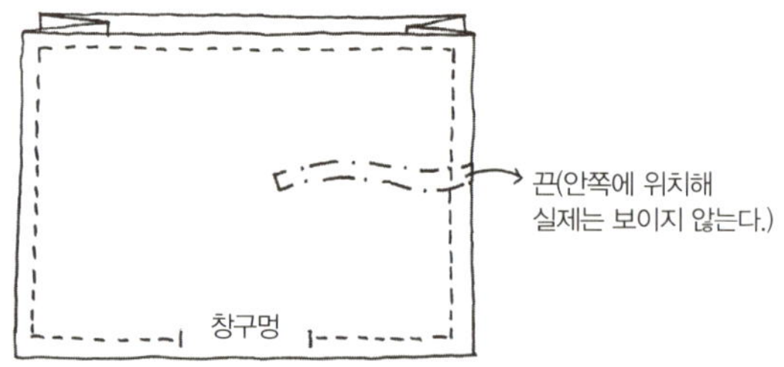

4 겉감 겉면 위에 끼워 넣을 끈을 놓고, 그 위에 양쪽 날개 부분과 안감을 순서대로 올려놓는다.

5 창구멍을 남기고 둘레를 박음질한다.

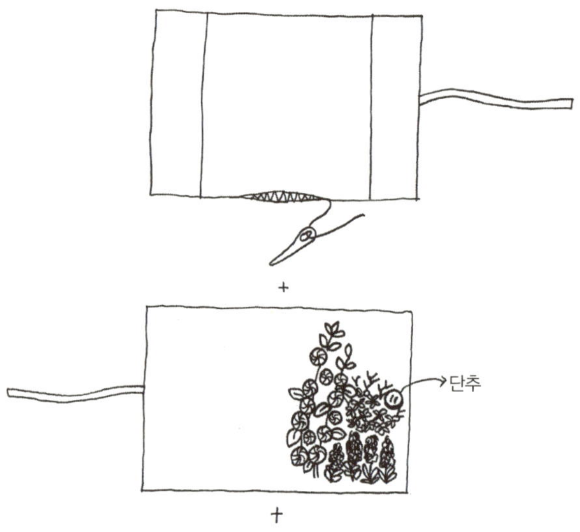

6 창구멍으로 뒤집은 후 공그르기로 막아주고, 단추를 달아준다.

7 완성된 통장지갑과 카드지갑 안에 속지를 끼워 넣는다.

통장지갑
자수 도안

2줄 레이지데이지 스티치

2줄 페더 스티치

2줄 블랭킷 스티치

2줄 레이지데이지 스티치

2줄 프렌치넛 스티치

2줄 플라이 스티치

2줄 새틴 스티치

카드지갑
자수 도안

2줄 트위스티드 루프 스티치

2줄 아웃라인 스티치

2줄 백 스티치

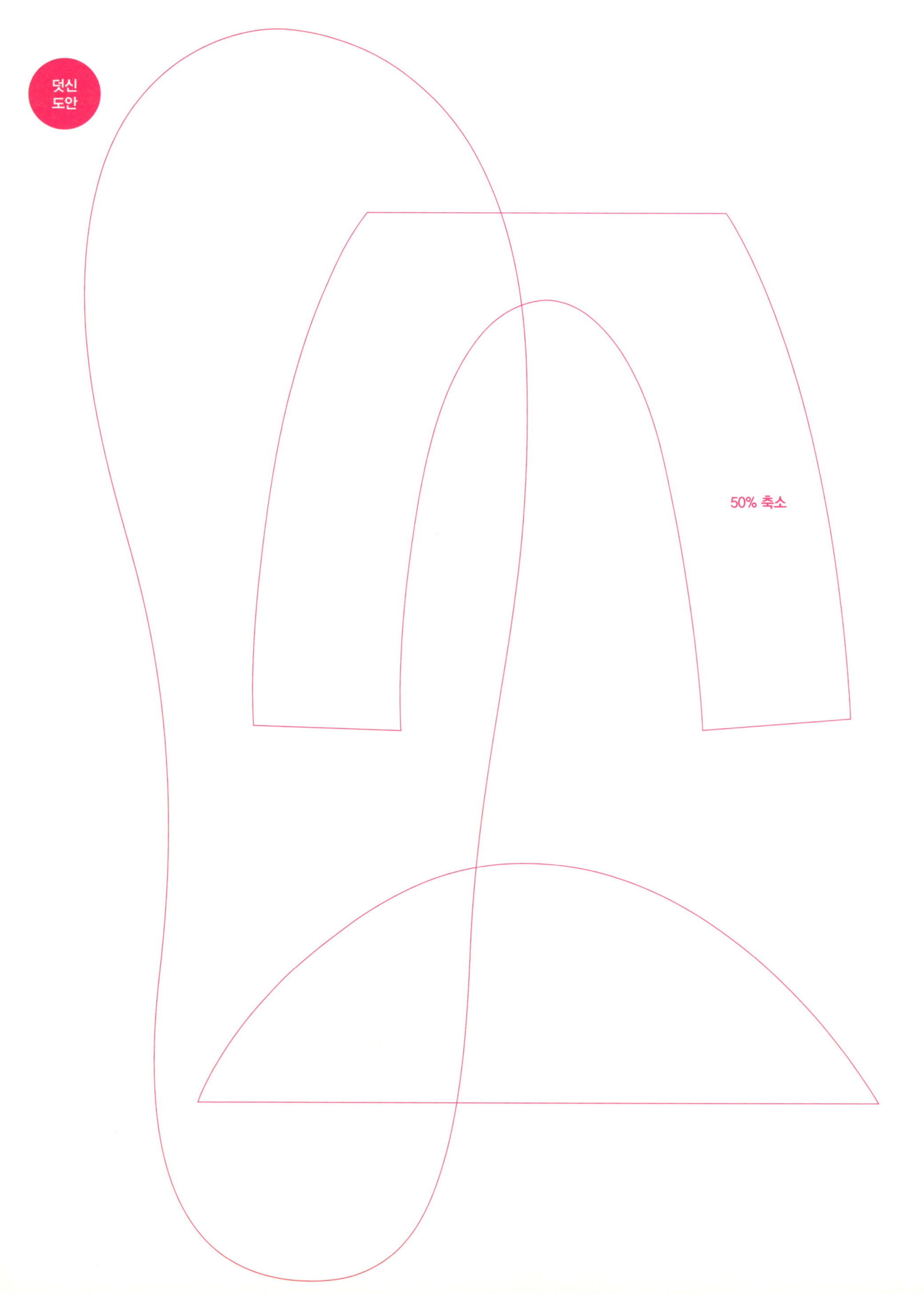

덧신
도안
50% 축소

반달
파우치 도안
50% 축소
에코백
도안
40% 축소

생활속 자수 레시피

초판 1쇄 발행 2012년 4월 2일
초판 3쇄 발행 2013년 12월 20일

지은이 이경미
펴낸이 이지은
펴낸곳 팜파스
기획 · 진행 이진아
편집 정은아
사진 그림스튜디오
일러스트 정은영
디자인 (주)ALL design group
마케팅 정우룡
인쇄 (주)미광원색사

출판등록 2002년 12월 30일 제10-2536호
주소 서울시 마포구 서교동 404-26 팜파스빌딩 2층
대표전화 02-335-3681
팩스 02-335-3743
홈페이지 www.pampasbook.com | blog.naver.com/pampasbook
이메일 pampas@pampasbook.com

값 15,000원
ISBN 978-89-93195-75-0 13590

ⓒ 2012, 이경미